植栽による択伐林で日本の森林改善

―樹冠の働きと量から考える―

梶原幹弘

築地書館

はじめに

森林が国土面積の三分の二を占める世界有数の森林国であるわが国では、森林は人間の生活にとって不可欠な存在で、木材生産や環境保全のために利用されてきた。

しかし、長く続いた経済優先の社会では木材生産の機能が偏重され、一時的にではあるが無立木状態となって環境保全機能が全て失われるという欠点のある皆伐林が著しく広がり、環境保全機能の低下が目立つようになった。これに対する反省から、木材生産と同等に、あるいはそれ以上に環境保全の機能が重要視される新しい時代に入った。しかし、二つの機能がまだうまく両立できていないのが現状で、二つの機能が高度に発揮できるような森林に改善することが喫緊の課題となっている。

森林の現状に問題があるとしたら、それは過去における森林の取り扱い方のまずさに起因するところが大きい。よって第I章では、木材生産と環境保全の歴史を整理し、二つの機能の両立を図る上での、森林の現状における問題点と現行の対策の疑問点について検討した。その結果、多くの皆伐林を抱えたままでは木材生産と環境保全の機能の両立を図ることは難しいという見解に至った。それを受けて、環境保全機能は皆伐林よりも優れていて、木材生産量も皆伐林より多いと期待されている照査法によるヨーロッパ方式の択伐林の導入が、機能の両立につながるのではと考えた。

そこで、第Ⅱ章では、林木の生育空間を最大限に利用するという照査法本来の目的に立ち返って、照査法が目指す択伐林における樹冠の空間占有状態をモデル化し、皆伐林と樹冠の空間占有モデルのようなヨーロッパ方式の択伐林における樹冠の大きさと空間占有状態および量の差異、木材生産と環境保全の両機能の優劣、さらには木材生産上欠かすことのできない木材生産の経営収支などの森林経営上の得失についての比較検討をした。

第Ⅲ章では、第Ⅱ章での比較検討結果に将来的な展望を加えて、皆伐林と樹冠の空間占有モデルのようなヨーロッパ方式の択伐林についての総括をした。そして、新しい時代が要求している木材生産と環境保全の機能の両立が可能で、木材生産の経営収支の黒字も見込めるような森林への改善には、樹冠の空間占有モデルのようなヨーロッパ方式の択伐林主体の森林にするのが最適であるとの結論に達した。そのため、このような森林への改善策を提案した。

私は、大学教員として、冷静な立場で半世紀にわたって日本の森林の変化を見聞しながら、樹冠との関連で皆伐林と択伐林の両者についての調査・研究をしてきた。そして、森林の将来に強い不安を抱くようになったので、これからの森林のあり方とそんな森林への改善策を考えた。木材生産と環境保全の機能の両立が要請される新しい時代における森林のあり方として、ヨーロッパ方式の択伐林が望ましいことを前著『究極の森林』（二〇〇八年　京都大学学術出版局）で述べた。これを受けて、本書はヨーロッパ方式の択伐林のあり方をもっと具体的に詰め、それを利用した日本の森林の改善策を述べたもので、本書は前著の続編といえる。ただ、話を進める都合でⅠ、Ⅱ章、とくにⅠ章では前著と重複的記述も多くなっていることはお許し願いたい。

森林の施業方法としての択伐林のことをあまり知らない読者、あるいは知っていても、その認識が「ナスビ伐り方式」や「照査法」といった域にとどまっている読者には、こんな択伐林もあることを知ってもらい、今後に役立ててほしいと考えている。

本書の参考文献は多岐の分野にわたり数も多いが、ここでは択伐林に関する主要な和書の文献と本書の基になった拙著などを最後に一括して示すにとどめた。

目次

Ⅲ　森林の改善策　129

Ⅰ　木材生産と環境保全の歴史と現状

森林と人間との関わりは、原生林などの天然林の利用に始まって、木材生産のための森林施業方法の開発、森林の環境保全機能発揮のための対策へと進んだ。以下、その経過を振り返るとともに、その結果生まれた森林の現状と問題点、問題点改善のための現行の対策の疑問点および筆者の考え方を述べる。

1　天然林の利用

原生林の状態と、原生林をはじめとする天然の森林を対象とした室町時代までの木材生産と環境保全への利用状態を整理すると、次のようになる。

原生林

原生林は、天然更新した樹種・樹齢・大きさの異なる林木で構成され、樹冠は垂直的に連続した層をなすのが普通である。現在の森林の出発点となった日本の原生林の状態は、最後の氷河期が終わった頃、一万年ほど前に定まったとされている。

原生林の水平的分布として、沖縄から九州南部までの亜熱帯地域にはガジュマル・アコウ・マングローブなどの常緑広葉樹林、九州から東北地方南部までの暖温帯地域にはカシ・シイ・クスノキなどの常緑広葉樹林、東北地方北部から北海道南部までの冷温帯地域にはブナ・ミズナラなどの落葉広葉樹林、北海道を主体とする亜寒帯地域にはトドマツ・エゾマツ・カンバ・ヤマナラシなどの針広混交樹林があった。これに垂直的分布として、暖温帯地域の山岳地帯にはモミ・ツガなどの針葉樹林やクリ・ケヤキ・コナラなどの落葉広葉樹林、本州の亜高山地帯にはカラマツ・シラベなどの針葉樹林が加わっていた。そして、屋久島から青森までにはスギ、屋久島から福島までにはヒノキ、暖温帯地域の海岸にはクロマツ、東北地方南部の太平洋側にはアカマツ、東北地方と北海道南部にはヒバが混生していたという。

日本列島は南北に長く連なっていて気候条件の差が大きく、しかも中央には高い脊梁山脈があって標高差が大きいという地形的な条件にあるために原生林は多様で、存在する樹種もおよそ九〇〇種と多い。

木材生産と環境保全への利用

室町時代までの原生林をはじめとする天然林の木材生産と環境保全への利用は、次のように進展した。

（1）縄文・弥生時代

縄文時代（約紀元前八〇〇〇〜紀元前三〇〇〇年）には、人間は洞窟から竪穴式住居に移り住み、生活に必要な木材をまわりの天然林から恣意的に抜き伐りし、主に住居（カシ、クリ、スギ、ヒノキなど）、丸木舟（スギ）、木器（トチノキなど）、弓矢（ヤナギ、トネリコ、カシなど）、燃料などに使った。

なお、当時行われていた農作物収穫法で、一部では二〇世紀中頃まで続けられた焼畑は、江戸時代におけるわが国の皆伐林施業の出発点ともなった。

弥生時代（紀元前三〇〇〜紀元三〇〇年頃）には、水稲栽培が広がり、水田地帯の近くの低台地には竪穴式住居の大きな集落もできた。木材の用途は住居、暖房用や製陶用の燃料から穀物貯蔵庫、農具の柄、食器、木棺（コウヤマキ）へと広がって、木材の使用量も増えていった。

気候条件に恵まれたわが国では林木の成長が旺盛で、集落のまわりにはまだ豊富な森林があって、木材が不足することはなかったようである。

（2）大和時代

大和時代（三〇〇～七〇〇年頃）には、生活における森林の重要性が認識されるようになって、この時代には林野の管理を担当する山守部と大山守という職が設けられている。

農耕中心の生活になって、住居は平地に移るとともに、農地開発による森林の破壊も進んだ。そして、住宅建築、燃料などに加えて、山の神・水の神といった自然神や氏の祖先神を祭る多くの神社の建築、天皇一代ごとの遷都に伴う都の造営、仏教伝来（五三八年）後の法隆寺をはじめとする二〇余りの大寺院の建立、大陸への渡航に必要な大型船の建造と木材の需要量が増大した。この時代の末期には、伊勢神宮での二〇年ごとの式年遷宮の制ができ、内宮の正遷宮（六九〇年）と外宮の正遷宮（六九二年）が行われた。

木材需要の増加に伴う森林の乱伐、焼畑による森林の焼失とともに田畑用肥料の材料を森林から頻繁に採取するようになって、大和平野周辺の里山が荒廃した。天武天皇によって、南淵山と細川山に禁伐令（六七六年）が出されている。また、林地の土壌も悪化し、六世紀末から七世紀初めにはやせ地にも耐えるアカマツの天然林が出現したといわれている。

（3）奈良・平安時代

奈良時代（七一〇～七八四年）には、平城京の造営、遷都に伴う薬師寺などの飛鳥から奈良への移築、東大寺、法隆寺夢殿などの大寺院の建立が続き、遣唐使のための大型船の建造も続けられ、大量の木材が消費された。

木炭には鍛冶用の軟らかい和炭（ニコズミ、鍛冶屋炭ともいう）と、炊事・暖房用のカシ・シイを焼いた火力の強い荒炭（堅炭ともいう）の二種類が使い分けられていた。

平安時代（七九四〜一一九一年）には、平安京の造営、最澄が伝えた天台宗の比叡山・延暦寺、空海が伝えた真言宗の高野山・金剛峯寺、京都の教王護国寺、念仏往生の浄土信仰による阿弥陀堂、宇治の平等院鳳凰堂などに大径材を含む大量の木材が使用された。都の造営と教王護国寺に使用する木材は丹波、近江、伊賀、紀伊、山城から集められたという。

この時代に定められた延喜式（九〇五年）によると、伊勢神宮、出雲大社、住吉神社などの国弊の社は三一三二社あり、これに私社を加えると、神社の数は寺院よりも多かったという。当時、普通の住宅一戸当たりの木材使用量は数十立方メートルであったが、伊勢神宮の遷宮には一回当たり四六〇〇立方メートルもの木材を要したという。

木材の不足から一部では造林も行われるようになり、鹿島神宮の修造用にクリ五七〇〇株、スギ四〇〇〇株を植栽（八六六年）、高野山の祈願上人がヒノキとコウヤマキを播種（一〇一二〜一〇一七年）といった記録がある。

この時代には、森林が貴族の生活の中に溶け込んで花見、月見、雪見の対象として定着し、奈良県吉野がサクラの名所として登場した。そして、耳成《みみなし》・香具・畝傍《うねび》の大和三山を美観維持林（八〇五年）、水辺の森林を水流調節用林（八二一年）、伊勢神宮や鹿島神宮などの周辺の森林を神域林（九〇七年）、近江の比良山を官用材備林（九一八年）、朝廷用の狩場を禁野（シメノ）に指定するなど、各種の禁伐林が設けられている。

（4）鎌倉・室町時代

鎌倉時代（一一九二～一三三三年）には、浄土宗（法然）、浄土真宗（親鸞）、時宗（一遍）、臨済宗（栄西）、曹洞宗（道元）、日蓮宗（日蓮）などの宗教が盛んになり、臨済宗の鎌倉五山（建長・円覚・寿福・浄智・浄妙の五寺）や曹洞宗の永平寺が建立された。

鎌倉幕府の造営材は主に伊豆から集められた。また、伊勢神宮の用材は、これまでのように伊勢の神路山（内宮）と高倉山（外宮）からの調達ができなくなり、大杉山から伐り出されている。

鉄製の農具や鍋・釜の需要が高まり、武家社会を反映して甲冑・刀剣の制作が盛んになり、瀬戸では焼物が作られるようになったりして、木材の薪炭材としての利用が増えた。

南北朝時代を経て室町時代（一三三六～一五七三年）になると、人口が一〇〇〇万人ほどになり、多くの都市が誕生して製塩・絹織物・鋳物・製紙・焼物・鉱業などの手工業が発達し、これらによる建築用、燃料用の木材の使用量も増加した。

臨済宗の南禅寺を上とする天龍寺、相国寺、建仁寺、東福寺、万寿寺の五寺よりなる京都五山が建立されたが、これらに必要な用材は四国、美作《みまさか》、信濃、飛騨、美濃と広範囲から集められた。住居の建築様式は、現在の和風住宅の基である書院造となり、茶道の流行につれて日本的な炭焼きの方法が開発され、炭座ができている。この時代の末期になると、木材不足に対処するために、京都近郊や奈良県吉野の民有林ではスギ、ヒノキの植栽による皆伐林の造成が始められた。

なお、伊勢神宮の用材の供給地は、材料不足から南北朝時代には三河、室町時代には美濃、江戸時代中期以降には木曽へと移り、現在に至っている。

この時代にできた武家領主の専用林では、森林の保護・管理のために山林奉行・山守が置かれて植林が奨励され、防風林・飛砂防備林・水害防備林・潮害防備林の造成も行われている。また、庶民の間では、奈良県吉野や京都市嵐山といったサクラの名所が行楽の対象となり、山岳宗教が盛んになって大峰山、御嶽山などの修験道が民間信仰として定着した。

以上のように、室町時代までの木材生産は、原生林をはじめとする天然林が主な対象であった。そして、木材生産のための森林施業の技術は未熟で、恣意的に必要な立木を抜き伐りし、その後は自然任せで森林の回復を待つというのが森林の取り扱い方の主流で、近くに伐採できる森林がなくなると次第に遠方の天然林に伐採の手を伸ばしていった。生活圏近くの森林では、木材生産や環境保全機能の維持を図るために立木の伐採禁止が早くから行われ、室町時代の末期には木材生産や環境保全のための森林の人為的な造成も始められている。しかし、木材生産に比べれば、環境保全への森林の積極的な利用はまだ低調であった。

2　皆伐林と択伐林の成立

江戸時代になると、荒廃林地の復旧、水源涵養、田畑保護、防風といった環境保全のための森林の造成も各地で行われた。例えば、岡山および畿内の荒廃した山地では砂防工事が行われ、やせ地にも耐えるアカマツが植栽されている。また、弘前の屛風山では風と砂を防ぐために幅四キロメートル、長さ四〇キロメートルの林を造成し、二〇年で八三〇〇ヘクタールの水田を開墾したことは有名である。この他にも、冬の西風が強い日本海側では、飛砂防備林・防風林が多く造られている。

しかし、この時代の特徴は、皆伐林と択伐林という二つの対照的な木材生産の方法が成立し、木材生産がきわめて積極的かつ活発に行われるようになったことにある。ほぼ同じ頃に、ヨーロッパでもこれらの方法が成立した。日本とヨーロッパに分けて、二つの木材生産方法が成立した時代的な背景と具体的な施業方法の違いを中心に整理すると、次のようになる。

日本

安土桃山時代（一五七三〜一六〇〇年）を経て江戸時代（一六〇三〜一八六七年）の中期には、総人口が約三〇〇〇万人となり、都市への人口の集中が起こった。江戸時代中期の江戸の人口はロンドンやパリの約二倍の一〇〇万人、京都で四〇万人、大坂で三五万人であったという。

安土桃山時代には安土城・大坂城・伏見城・聚楽第・方広寺、江戸時代には江戸城・徳川家の菩提所である寛永寺根本中堂の建造、焼失していた東大寺大仏殿の再建と大型の木造建築が相次いだ。方広寺の建築用材は熊野・木曽・土佐・日向を中心に東北地方からも集められ、江戸城の築城には材料不足からモミ・ツガ・カラマツも使われた。また、寛永寺根本中堂建立のために、南アルプスの大井川原流域にあった幕府直轄の天然林から、樹齢一五〇〜二〇〇年のトウヒ・シラベ・カラマツの巨木二万立方メートルが伐り出されたという。そして、現存する東大寺大仏殿の再建には直径一メートル以上、長さ三〇メートルの柱九二本が必要であったが、そのような多量の大径材がなかったために、二、三本をつないで芯を作り、それに五〇本の割り木を当てた柱を使用している。

三日間も燃え続けて江戸城と江戸の町の六割を焼き、死傷者一〇万人といわれる明暦の大火（一六五七年）をはじめ、江戸では焼失面積が一五町歩（約一五ヘクタール）以上の大火が八〇回余りもあり、これらの復興にも莫大な木材が使われた。

建築用材の需要の増大に応えるために、藩主や家臣がリーダーとなって森林の育成が積極的に行われたことと、木材の商品価値が向上して建築用材などの生産が経済行為として成り立つようになったこととがあいまって、皆伐林と択伐林という建築用材生産のための本格的な施業が盛んになった。

建築用材ばかりでなく、木炭の需要も増加した。全国で製炭されたが、鹿児島・紀州・土佐のものが多かった。一九世紀中頃の江戸時代末期における大坂と江戸の木炭の取引量はそれぞれ二五〇万俵、合計五〇〇〇万俵であったという。

当時の、わが国における一般の建築用材生産のための皆伐林と、大型の木造建築用材生産のための択伐林の施業は、次のようなものであった。

需要が著しく増大した住宅などの木造建築では、それほど大きな木材を必要とするわけではないので、それを生産するための皆伐林施業が盛んになった。そのきっかけとなったのは千葉県山武、奈良県吉野、熊本県小国、大分県日田などにおける焼畑農業である。その跡地を放置するのではなしに、一斉に苗木を植栽して森林に戻すことによって始まった。同様の方法で皆伐林施業は広まり、埼玉県西川、東京都青梅、静岡県天竜、三重県尾鷲《おわせ》、京都市北山、宮崎県飫肥《おび》といった皆伐林施業によるスギ、ヒノキの著名な林業地が生まれた。

スギ、ヒノキの皆伐林では、同一樹種の苗木を、一定の間隔を置いて一斉に植栽するのが普通で、植栽本数は当時の面積の単位であった一坪（三・三平方メートル）当たり一本、つまり一ヘクタール当たり三〇〇〇本が基本であった。植栽後の数年間、植栽木の成長を妨げる雑草や雑木を除去するための下刈りや除伐をした。植栽木が次第に成長して隣接する樹冠との間隙がなくなると、植栽木間での樹冠の拡張競争が始まるので、これを緩和して植栽木の健全な成長を図るために、植栽木を抜き伐りする間伐が行われた。また、節が少なくて形質の良い幹材にするための枝打ちも行われた。何回かの間伐や枝打ちをした後に残った植栽木が皆伐されることになるが、これを間伐に対して主伐と呼んでいる。なお、スギやヒノキでの主伐時期としては、建築用材として利用でき、年間の平均幹材積成長量が最大になる林齢四〇～五〇年が目安とされた。

皆伐林の発展に伴い、育苗や造林の技術が進歩した。九州では、挿し木苗の使用が盛んになり、品種の分化も行われた。造林が進み、間伐や枝打ちの技術も発達した。植栽木の保育上必要な間伐は、間伐材に対する需要もあったので収益を当て込んで行われるようになっていった。そして、植栽密度と間伐を通じて密度管理状態を変え、場合によっては枝打ちもすることによって、京都市北山の床柱用の磨き丸太、奈良県吉野の樽丸から出発して後に優良な建築用材、宮崎県飫肥の和船用の弁甲材といったものに代表される一定の用途に適した木材の生産技術も確立された。このような木材の用途に応じた周到な生産技術は、世界に類例をみないものである。

択伐林の施業としては、後に日本の三大美林と呼ばれた青森のヒバ林（津軽藩）、秋田のスギ林（秋田藩）、木曽のヒノキ林（尾張藩）をはじめとして、魚梁瀬《やなせ》のスギ林（土佐藩）などが知られている。

これまでの原生林や天然林からの恣意的な抜き伐りを改めて、三〇年や五〇年といった所定の期間をあけて、一定の大きさ以上の立木だけの抜き伐りを各森林の輪番制で繰り返すことによって、大型の木造建築に必要な大径材の生産が継続できるようにするとともに、立木の抜き伐り跡での天然更新が不十分であれば、植栽もして後継樹の確保を図るようになった。その背景には、大和時代から大型木造建築が続いたために、大径材の不足が顕著になったことがあるとみられる。このようにして生まれたわが国の択伐林施業は、一定の大きさになった立木から順に収穫するところがナスビの収穫方法に似ていることから、俗に「ナスビ伐り方式」と呼ばれている。

ヨーロッパ

中世の荘園が崩壊して中央集権国家が成立したヨーロッパでは、燃料として石炭・コークスが使用されるようになって、木材使用量の三分の二を占めていた薪炭材の需要は激減した。しかし、人口の増加に伴う農地の拡大によって森林面積は減少し、各国間の戦争や宗教改革に付随する内乱などもあって森林は荒廃した。中・西部ヨーロッパでは増加の一途をたどる建築用・造船用などの木材の使用量を賄えない状態になって、木材資源が欠乏した。

このような時代的背景から、森林回復の機運の高まりと木材の商品価値上昇に伴う領主・国家の財政的な要求とがあいまって、収益を目標にした皆伐林の育成が始められた。

皆伐林施業の支えとなったのが、一八世紀末から一九世紀初めの頃に世界でいち早く成立したドイツ林学で、「法正状態」の皆伐林による木材生産システムが提示された。例えば、全森林面積が一〇〇ヘクタールで、皆伐予定の林齢が一〇〇年であるとすると、一～一〇〇年の各林齢の森林が一ヘクタールずつあれば、林齢一〇〇年に達した森林を伐採しても、一年経てば各林齢の林木は成長して森林全体としては元の状態に戻る。したがって、林齢が一〇〇年の森林が毎年一ヘクタールずつ伐採できるわけで、このように一定の収穫量が持続できるように組織化された状態が法正状態で、このような状態にある森林を「法正林」と呼んでいる。

ドイツでは、一九世紀初めから法正林の実現を目指して荒廃していた森林の回復に着手し、一九世紀中頃にはトウヒの皆伐林が全盛期を迎えた。しかし、皆伐林の拡大が進むにつれて、その対象樹種であったトウヒは根の張り方が浅いために風害を受けやすく、病虫害の発生や収穫の繰り返しによる地力の減退もみられるようになった。このようなことと、造林学の基礎として生まれた森林生態学の考え方とがあいまって、あまりにも自然の状態からかけ離れた皆伐林に対する批判が強まった。

皆伐林に対する批判・反省から生まれた特筆すべき施業方法として、「照査法」という呼び名で知られた、モミ・トウヒなどを対象とした天然更新による択伐林施業がある。これは、皆伐林よりも健全な状態で、より多くの価値ある木材を持続的に生産するための方法として提案されたもので、一九世紀末から二〇世紀初めにかけてスイスのクヴェでビヨレイによって実践され、成功を収めた。

この施業方法の根底には、林木の生育空間を最大限に利用できるように大小の立木を混生させることによって、木材生産量の最大化を目指すという考え方がある。それを実現するために、胸高直径の分布は、直径が大きくなるほど立木本数が双曲線状に減少する逆J字型を示すのが理想的で、その状態を持続するためには後継樹が生育できるだけの林内の日射量の確保が不可欠であるとされている。照査法が目指した択伐林を、ここでは「ヨーロッパ方式の択伐林」と呼んで、わが国の「ナスビ伐り方式の択伐林」とは区別することにする。なお、胸高直径というのは地上高一・二メートル（ヨーロッパでは一・三メートル）の位置の幹直径のことで、林木集団における立木の大きさの構成状態を示す代表的な方法として、胸高直径による立木本数の変化を示した胸高直径分布が用いられている。

図1と図2は、皆伐林とヨーロッパ方式の択伐林について、胸高直径分布の型の違いを模式図として示したものである。皆伐林では、常に平均的な胸高直径の立木本数が最も多い釣鐘型の分布を示すが、胸高直径は林木の成長につれて大きくなる一方で全立木の本数は間伐などによって

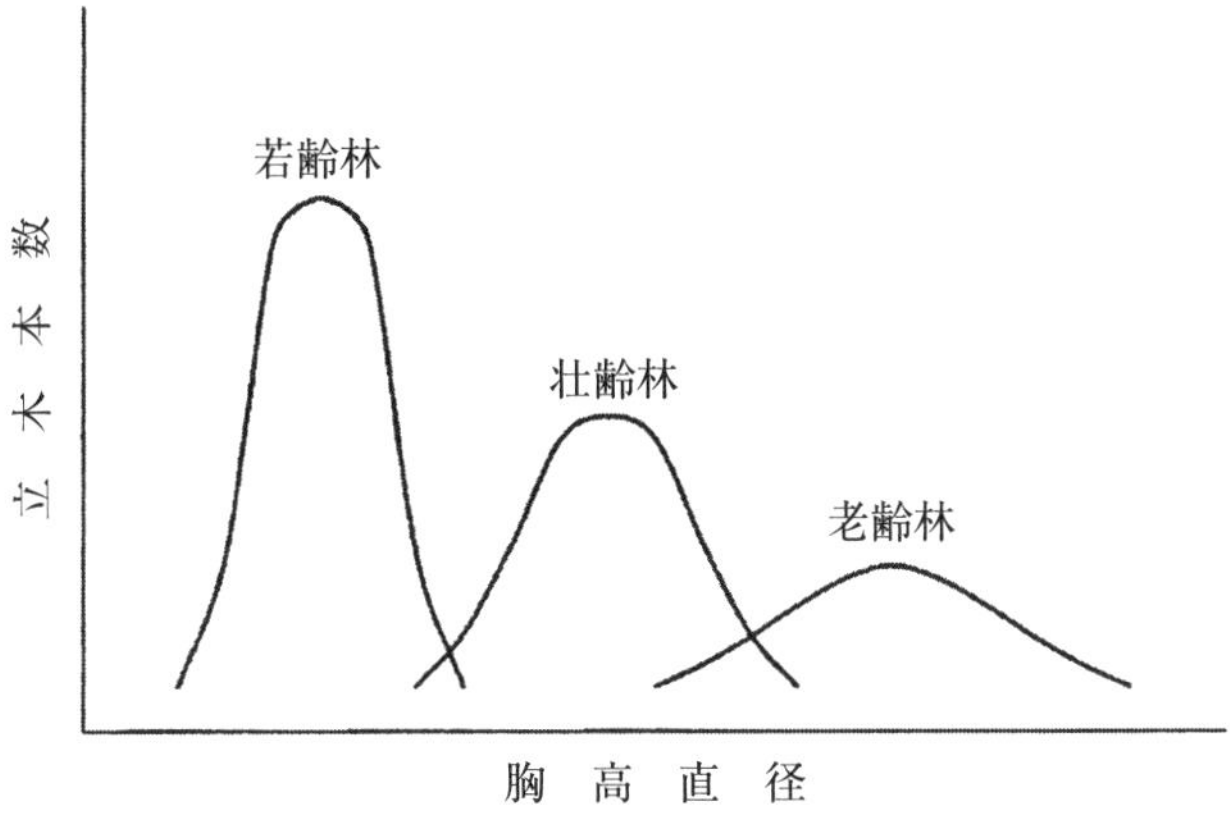

図1　皆伐林の胸高直径分布
皆伐林における胸高直径と立木本数の基本的な関係を示すもの。

減少するために、胸高直径分布は図1のような経年変化になる。これに対して、ヨーロッパ方式の択伐林では常に大小の胸高直径の立木が混在し、胸高直径が大きくなるにつれて立木本数が双曲線状に減少する逆J字型を示す。このような状態に達した段階で、元の胸高直径分布を保つように択伐をすれば、構成木の交代はあっても立木本数と胸高直径分布はほぼ安定し、一定化することになる。なお、日本のナスビ伐り方式の択伐林でも大小の胸高直径の立木が混在することはヨーロッパ方式の択伐林と同じであるが、胸高直径分布の型は一定ではない。

日本とヨーロッパでほぼ同じ時期に、皆伐林と択伐林という建築用材などを生産するための施業方法が生まれたが、日本とヨーロッパにおける施

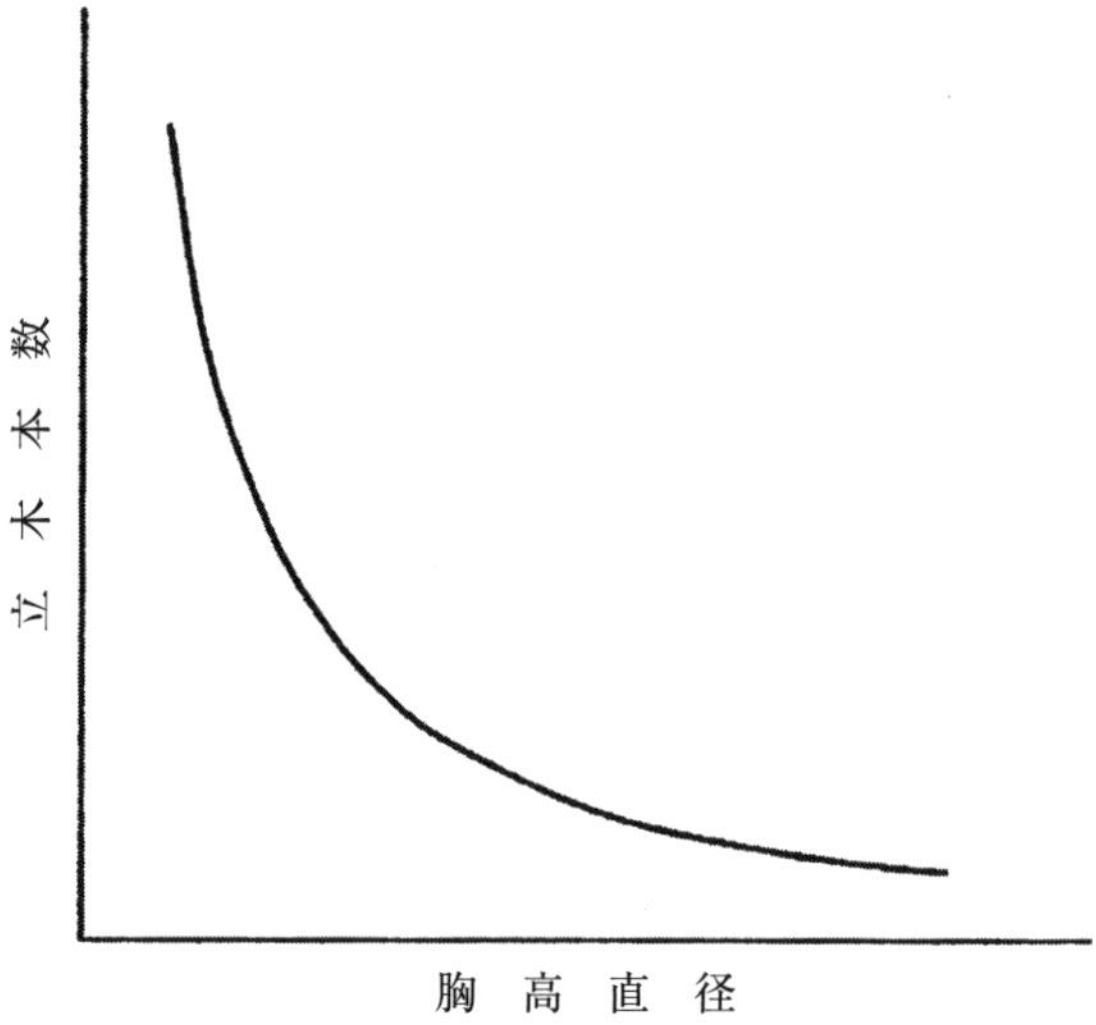

図2　ヨーロッパ方式の択伐林の胸高直径分布
択伐林における胸高直径と立木本数の基本的な関係を示すもの。図1と比較すると、皆伐林との違いが分かる。

業の狙いには違いがある。日本の皆伐林では用途に適した形質の幹材の生産を、ヨーロッパの皆伐林では幹材積生産量の安定化を考えている。また、日本のナスビ伐り方式の択伐林では大径材の生産を、ヨーロッパ方式の照査法による択伐林では幹材積生産量の最大化を目指している。すなわち、皆伐林と択伐林のいずれの施業でも、どちらかといえば日本では「幹材の質」が、ヨーロッパでは「幹材の量」が重視されているということである。

3　皆伐林の増加と環境保全対策

明治維新（一八六八年）後は、あらゆる分野で欧米の知識が貪欲に吸収されたが、森林に関する分野でもそうで、とくにドイツ林学の知識が積極的に取り入れられた。そして、一八九七年には森林に関する基本的な法律である森林法を制定して、皆伐林を中心に木材生産機能の充実を図る一方で、環境保全機能を重視すべき森林を保安林として囲い込むことが進められた。

皆伐林の増加

明治時代（一八六八〜一九一二年）から大正時代（一九一二〜一九二六年）にかけて、構成樹種がエゾマツ、トドマツの天然林が主体の北海道は別として、本州、四国および九州ではスギやヒノキを中心とする法正林の実現を目標とした皆伐林の造成が進められた。大正時代末から昭和時代（一九二六〜一九八九年）の初めにかけては、ヨーロッパにおける照査法による択伐林施業の成功を受けて、この択伐林の導入も試みられたが、まもなく第二次世界大戦（一九四一〜一九四五年）に突入したために頓挫した。

第二次世界大戦中の増伐と人手不足による造林・保育の遅れなどから、森林は著しく荒廃した。一九五〇年代の中頃になると、薪炭に代わってガスと灯油が燃料に使われるようになり、建築用材の二倍もあった薪炭材の需要がほとんどなくなる一方で、焼失した住宅の復興や高度経済成長に伴う建築用材の需要増加で木材価格が急騰し、合板用材やパルプ（製紙）用材の需要も急増した。このような事態を受けて、政府は造林補助金を出して皆伐林の造成を奨励し、「生産力増強計画」を強力に推し進めるとともに、安価な外材輸入の自由化に踏み切った。

「生産力増強計画」というのは、不要になった旧薪炭林や木材生産量の少ない過熟の天然林を木材生産量の多い針葉樹の皆伐林に切り替える拡大造林、「植栽本数を多くする密植・成長の早い品種を選抜して育成する育種・林地に肥料を与える施肥」による皆伐林での単位面積当たりの木材生産量の増大、成長の早い外国樹種の導入、林業の機械化による木材生産の増強を意図したものである。なお、密植による単位面積当たりの木材生産量の増大というのは、密植をすれば立木の平均幹材積は小さくなるが、森林全体の幹材積生産量は増えるとする「密度効果の法則」の考え方に基づくものである。この計画によって、当時の池田内閣による所得倍増計画の向こうを張ってか、木材生産量の倍増がもくろまれたという。その結果、天然林や江戸時代に造成された秋田や土佐・魚梁瀬のスギ林や木曽のヒノキ林といったナスビ伐り方式の択伐林が姿を消していく一方で、スギ、ヒノキを中心とする針葉樹の皆伐林の面積が急増した。第二次世界大戦後の五〇年間に、全森林面積に対する皆伐林面積の割合は二五％から四〇％に増え、皆伐林主体の森林へと変貌した。

また、一九五〇年代から始められた安い外材の輸入自由化とその後の為替レートにおける円高の進行により、外材と国産材の価格差が広がった。そして、高度経済成長期には高値で取引された国産材も、低経済成長の時代に入った一九七〇年代には安い外材に押されて、わが国の木材需要量に占める国産材の割合は、一時は三割を切る状態にまでなった。その後、少し持ち直してはいるが、国産材の需要は低迷したままで、国産材生産の経営収支が赤字になるという国産材不況の時代に突入し、この状態が続いている。

環境保全対策

森林法に基づいて、環境保全機能を重視すべき森林を保安林として囲い込み、これの整備が進められてきた。とくに、一九五四年には「保安林整備臨時措置法」を制定して第二次世界大戦によって荒廃した森林の環境保全機能の強化に力が注がれた。保安林には水源涵養、土砂流出防備、土砂崩壊防備、飛砂防備、防風、水害防備、潮害防備、干害防備、防雪、防霧、雪崩防止、落石防止、防火、魚付、航行目標、保健、風致の一七種類があるが、現在では保安林面積が全森林面積の半ば近くになっている。江戸時代中期以降に東海から近畿・中国地方の花崗岩地帯の里山に出現していたはげ山にも、長年の治山緑化の努力によって緑が回復した。また、国立公園に加えて国定公園、都道府県立自然公園などの自然公園も制度化され、現在では国立公園の面積だけでも全森林面積の一割近くを占めている。

保安林では、原則として環境保全機能を消滅させる立木の皆伐は禁止で、伐採は択伐によることになっている。保安林の面積が全森林面積の半分近くになり、四割を占める皆伐林の面積を超える状態であるにもかかわらず、一九七〇年代の後半からは森林の環境保全機能の低下が目立つようになった。その結果、皆伐林に対する批判が強まり、長伐期施業や非皆伐の複層林施業の導入による環境保全機能の向上を図るとともに、もっと自然的な森林の生態を尊重した取り扱いをすべきであるとの考えが高まって、森林の生態に関する研究が進められた。

長伐期施業というのは、皆伐林における主伐の林齢を、これまでの年平均幹材積成長量が最大になる四〇〜五〇年の二倍以上に延ばして無立木状態になる機会を半減させることにより、環境保全機能の向上を図る皆伐林の施業方法である。また、複層林というのは、皆伐林における無立木状態の出現を避けるために、樹冠の層が複数つまり二つ以上になるように伐採・植栽を行う森林のことである。全立木を二回に分けて伐採・植栽をすれば樹冠が二層の二段林になり、伐採・植栽の回数を増やすにつれて樹冠の層が増え、次第に樹冠が連続したものに近づく。定義上は植栽による択伐林も含まれるが、複層林を提唱する主な狙いは二段林にあるようである。

森林における木材生産と環境保全の機能の両立に対する意識が高まり、以前からの水土保全、生活環境保全、景観の維持に加えて、野生動植物の保護、地球の温暖化防止といった環境保全機能も重視されるようになっている。このような世論を受けて、環境保全機能を重視すべき奥地の森林が多くを占めていることもあって、国有林では木材生産よりも環境保全の機能発揮に重点を置くことに方向転換した。

4　森林の現状とその問題点への対策

森林に対する人間の要請は、木材生産機能が優先された時代から、次第に環境保全機能も重要視される時代へと移り、一九七〇年代の後半からは、木材生産と同等に、ないしはそれ以上に環境保全の機能が重視され、二つの機能の両立が要請される新しい時代になった。

この時代の要請に応えるためには、現状の木材生産機能を損なうことなく環境保全機能を向上させることが望ましく、木材生産を続けるには経営収支は黒字である必要がある。このような視点から、森林の現状と問題点および現行の対策の疑問点を明らかにするとともに、筆者なりの新しい時代への対応策のあり方を考えた。

森林の現状と問題点

現存の森林は、無施業林と施業林に大別できる。

世界自然遺産になった白神山地のブナ天然林や屋久島のスギ天然林は無施業林の代表で、そこでは主要な樹種を中心に天然更新したいろいろな樹種が混交し、異齢で大きさの違う立木で構成された樹冠層の連続した森林となるのが普通である。

これに対して人為的な施業が加えられたのが施業林で、施業の主要な作業として伐採と更新がある。伐採方法を代表するのが皆伐と択伐であり、皆伐林と択伐林は伐採方法による分類名である。更新方法には、種子の自然落下・伏条・萌芽などによる天然更新と、苗木の植栽・挿し木・播種などによる人工更新の二種類があり、天然林と人工林は更新方法による分類名である。皆伐林は、もっぱら人工更新によっているので、単に人工林とも呼ばれている。択伐林では、天然更新の易しいヒバ林のように天然更新によることもあれば、天然更新の難しいスギ、ヒノキ林のように人工更新によることもある。

伐採方法と更新方法の組み合わせによって、林木の構成状態が異なる。皆伐林は、樹種・樹齢が同じで、林木の大きさの揃った樹冠が単層の森林になる。択伐林の樹種構成は更新方法によって相違し、人工更新によっている場合の樹種は普通一つないしは二つの針葉樹となるが、天然更新によっている場合には限られた少数の針葉樹と各種の広葉樹の混交となる。いずれの更新方法による場合でも、択伐林は樹齢と大きさの異なる林木で構成された樹冠層の連続した森林となるのが普通で、天然更新による択伐林での林木の構成状態は、無施業の自然的な針葉樹の森林に似たものになりがちである。

現在のわが国の森林面積はほぼ二五〇〇万ヘクタール（三割が国有林、一割が公有林、六割が民有林）で、その四〇パーセントが人工林、残りの六〇パーセントが天然林となっている。現存する人工林には択伐林や複層林はきわめて少なく、そのほとんどが単層の皆伐林で、中でもスギ林が四五パーセント、ヒノキ林が二五パーセントを占め、両者を合わせると全森林面積の三〇パーセント近くになっている。そして、天然林の中で大半を占めるのが放置された旧薪炭林で、択伐林はきわめて少なく、原生林も全森林面積の一〜二パーセントしか残っていないとみられている。すなわち、わが国で施業の対象となっている森林のほとんどは皆伐林で、しかもスギやヒノキが圧倒的に多いというのが現状である。

もっとも、立木の伐採は原生林からの抜き伐りが出発点であったこともあって、択伐林施業は青森のヒバ林、秋田のスギ林、木曽のヒノキ林、土佐・魚梁瀬のスギ林といった国有林以外の民有林でも行われてきた。それを列挙すると、秋田県岩川・静岡県熊切・富山県増山・三重県熊野・奈良県北山・岐阜県今須・滋賀県谷口（田根）・鳥取県若桜《わかさ》などのスギ林やスギ・ヒノキ林、石川県能登のアテ林、愛媛県菊間のアカマツ林、香川県牟礼《むれ》のクロマツ林などがある。それらでの施業方法は、恣意的な抜き伐りからナスビ伐り方式、さらには照査法の影響を受けたものまでさまざまである。しかし、「生産力増強計画」によってその多くはすでに消滅し、後述するように残っているものでも消滅の危機に瀕しているものが多い。

その中にあって、照査法ないしはこれに準ずる方法で択伐林施業の試験・実験が長年にわたって続けられてきたのは、高知県魚梁瀬（国有林）のスギ天然林に設けられた和田山択伐実験林（一九二七年設定、一九六〇～六六年の一時中断期間を経て再開されていたが、二〇一八年からは実験休止とのことである）、北海道のエゾマツ・トドマツ林に設けられている北海道庁の置戸照査法試験林（一九五五年設定）、北海道大学の中川地方演習林（現在の研究林）内の照査法試験林（一九六七年設定）くらいである。

木材生産と環境保全の両立という視点から森林の現状をみると、問題点が二つある。

一つは、皆伐直後の一時期であるが、無立木状態となって環境保全機能が消滅するスギ、ヒノキの皆伐林の増加によって、環境保全機能が低下していることである。

環境保全機能に問題のあることを承知していながら、長く続いた経済優先の社会では施業が単純で容易な皆伐林を偏重し、全森林面積の四割がスギ、ヒノキを中心とする皆伐林にされてしまった。その上、収支が赤字になるために皆伐林では不可欠の間伐が停滞して、不健全で荒廃した状態の皆伐林が多くなったことが、環境保全機能の低下が目立つようになった最大の要因であろう。「密度効果の法則」が紹介され、植栽密度を高くすれば幹材積生産量が増える（収量密度効果）との考えから植栽密度が高くされたが、これの間伐が経営収支の悪化により停滞したことも、荒廃した皆伐林の増加を助長したとみられる。また、環境保全機能を重視すべき森林を保安林として囲い込みはしたが、立木の伐採を控えて、その方法を制限さえしていればよいというきわめて消極的な姿勢が強く、環境保全機能を積極的に向上させる努力はあまりしなかったことも、環境保全機能の低下をもたらした要因であろう。

もう一つは、現在の木材生産を担っているスギ、ヒノキの皆伐林の経営収支が悪化していて、木材生産がままならない状態にあることである。

皆伐林における木材生産の経営収支の悪化は、労賃の高騰、代替材の進出による全体的な木材価格の下落、安い外材の輸入自由化によるところが大きいとみられる。以前は黒字であったスギ、ヒノキの皆伐林での木材生産の経営収支が、間伐時のみならず主伐時においても赤字となっている。搬出道の整備・作業の機械化に努めて立木の伐採・搬出経費の削減を図っても、皆伐林での経営収支はもう何十年も赤字から脱出できないでいる。

森林の所有者や経営者には、皆伐林を主体とする木材生産業に対する悲観的な見方が強まり、林業経営に見切りをつけて森林の売却を希望している者も多いという。彼らの森林離れは、森林の手入れ不足と荒廃に直結するだけに、きわめて憂慮すべき事態である。

現行の対策とその疑問点

環境保全機能に欠点のあるスギ、ヒノキ皆伐林の増加に対する反省と、環境保全機能への社会的な要請の高まりがあいまって、皆伐林に対する批判が強まり、これに対処するために、次のような現行の対策が行われるようになった。

木材生産はスギ、ヒノキの皆伐林に、環境保全は天然林を中心とする保安林にと機能を分担させ、皆伐林における環境保全上の欠点の緩和を図るとともに保安林を増やしながら、環境保全機能の強化をする。そして、道路整備と作業の機械化とを促進することによって皆伐林による林業の生産性を向上させ、間伐時と主伐時の収支の黒字化を図る。

ところが、現行の対策には次のような疑問点がある。

（1）皆伐林の欠点緩和策による犠牲

スギ、ヒノキ皆伐林における環境保全機能上の欠点の緩和策として、長伐期施業や複層林の導入が考えられている。

長伐期施業では、主伐時期を年間の平均幹材積成長量が最大になる林齢四〇～五〇年の二倍以上に延期して、皆伐の回数すなわち林地が無立木状態となって環境保全機能が消滅する機会を半減させることにより、環境保全機能の向上を図ることを意図している。しかし、例えば土佐地方のスギ林収穫表によると、主伐の林齢を年間の平均幹材積成長量が最大である林齢四五年から一〇〇年に延期することによって、年間の平均幹材積成長量は二割の減少となる。

また、複層林導入の主要な狙いは二段林の造成にあるようだが、幹材積成長量との両立を考えるなら、二段林よりも幹材積成長量が多いとみられているヨーロッパ方式の択伐林の導入が望ましい。

したがって、これらの方法によって多少の環境保全機能の向上は図れても、幹材積成長量の減少という犠牲を伴うことになる。これでは、木材生産と環境保全の機能の両立ではなくて、木材生産を犠牲にした環境保全策ということになる。

（2）不備のある環境保全策

現行の環境保全策には、次のような二つの疑問点がある。

一つは、立木の伐採さえ規制すれば環境保全が図れるという消極的な姿勢が強いが、このままではあまり環境保全機能の向上が期待できないことはこれまでの結果が示しており、だからこそ環境保全機能の低下が問題になっているのではないかということである。

もう一つは、保安林を増やしながら環境保全機能を強化するといっても、民有林が六割を占め、保安林の半分弱が民有林であるわが国では、その目的を達成することは難しく、机上の空論に終わる可能性が高いことである。

いずれにしろ、現行の環境保全対策には、積極的で目新しいものはみられない。こんな不備のある環境保全策で、行政当局は本当に環境保全機能が充実できると考えているのであろうか。甚だ疑問である。

(3) 難しいスギ、ヒノキ皆伐林における木材生産の経営収支の改善

道路整備と作業の機械化によって、林業の生産性の向上が目指されるようになってもう数十年になるが、まだスギ、ヒノキ皆伐林における木材生産の収支の赤字は解消されないままである。それらが林業の生産性向上の鍵であることは確かであろうが、山岳林がほとんどであるわが国では限度があり、それだけで皆伐林の経営収支の黒字化ができるとは思えない。

それを示唆しているのが、「緑のオーナー制度」の赤字ではなかろうか。国有林では、一九八四年から除伐を終えた林齢二五年前後のスギやヒノキの若齢林を対象に、その後の間伐などに使われる育成資金への出資を一口五〇万円で募り、一五~三〇年後の主伐時における収益を国と出資者で分け合う分収育林制度として、「緑のオーナー制度」を実施した。この制度の対象林を一九九九年から主伐しているが、九割以上の場合で元本割れを起こし、五〇万円の出資金額に対する支払い金額の平均は三二万円と、大幅な赤字になっているという。

また、林野庁は二〇一二年の「森林・林業白書」で、現状が赤字である皆伐林での一ヘクタール当たりの収支が、一〇年後には間伐時（補助金なし）で七万三〇〇〇円の黒字、主伐時で七三万円の黒字（ただし、これは一〇〇万円の補助金がある場合で、補助金なしでは二七万円の赤字と筆者には受けとれる）という具体的な数値まで試算・提示して、収支の黒字化が可能であるとアピールしている。このアピールは、もう補助金なしでの皆伐林の主伐における経営収支の黒字化が、将来的にも無理であることを当局が認めているということであろうか。

それにしても、森林の所有者や経営者は、「緑のオーナー制度」の赤字や補助金付きの経営収支黒字のアピールをどう受け止め、これからの皆伐林における木材生産の経営収支をどう予想しているのであろうか。

森林の現状における環境保全機能の低下と木材生産の経営収支の悪化という二つの問題は、いずれもスギ、ヒノキの皆伐林に絡むものであることを考えると、これらの大量の皆伐林を抱えたままでの現行の対策には無理があるといえる。現行の対策では、木材生産と環境保全の機能が両立でき、木材生産の経営収支の黒字化も図れるような森林にすることは難しいとみられる。

環境保全機能は基本的に皆伐林よりも択伐林が優っているのであるから、皆伐林よりも木材生産機能が優れた択伐林があれば、それの導入によって木材生産と環境保全の機能が両立した森林が実現できるのではないだろうか。それが期待できる択伐林として、皆伐林よりも幹材積成長量が多いと目されている照査法という呼び名で知られたヨーロッパ方式の択伐林が挙げられる。しかし、照査法が目指す森林の状態が具体的には与えられておらず、その幹材積成長量の皆伐林に対する優劣は確認できていないままである。

そこで、林木の生育空間を最大限に利用するという照査法の基本的な考え方に立ち返って、林木の生育空間の利用状態は樹冠の空間占有状態で表現するのが最も妥当であるとの考えから、照査法が目指すスギ、ヒノキ択伐林における樹冠の空間占有状態をモデル化し、それに基づいて幹材積成長量を推定することを考えた。それが、照査法が目指すヨーロッパ方式の択伐林の新しい時代における効用の見直しに関する筆者の研究の出発点であった。それを含めて、その後に行ったスギ、ヒノキの皆伐林と樹冠の空間占有モデルのようなヨーロッパ方式の択伐林における木材生産と環境保全の両機能の優劣、および森林経営上の得失についての比較検討結果を、次章で述べる。

II　樹冠からみた皆伐林とヨーロッパ方式の択伐林の比較

これから述べる主要な研究成果は、林分構造図を作成することによって得られたものであるので、まずこれについて説明する。そして、スギ、ヒノキの皆伐林と照査法が目指す樹冠の空間占有モデルのようなヨーロッパ方式の択伐林における樹冠の大きさと空間占有状態および量の差異を検討する。それと、樹冠と幹の成長との関係を踏まえて、両者における幹材の形質と幹材積生産量といった木材生産機能の優劣を、また樹冠の空間占有状態や量および構成樹種との関連からみた皆伐林と択伐林における各種の環境保全機能の優劣を、さらには木材生産の経営収支などの森林経営上の得失についても比較検討した結果を述べる。

1　基礎資料とした林分構造図について

林分構造図は、樹冠との関連で幹の成長を解析するための基礎的な資料として私が開発したものである。皆伐林では数十本、択伐林では一〇〇本程度の立木を含む調査地を設定し、立木で幹と樹冠の大きさと形状を測定することによって、調査地内の全立木の幹と樹冠の縦断面の半切分を示す幹曲線と樹冠曲線を推定し、それに基づいて林分における幹と樹冠の空間占有状態と量を総合的に表現することができる。その方法の要旨と結果について述べる。

幹曲線と樹冠曲線の推定

横断面は円で、縦断面は左右対称であるとみられる幹や樹冠の縦断面を示す幹曲線や樹冠曲線を、立木で推定する方法のあらましを述べる。なお、ここで立木の幹や樹冠の測定に用いているシュピーゲル・レラスコープとペンタプリズム輪尺の説明は大隅眞一編著の『森林計測学講義』(一九八七年、養賢堂)を、またこれらによる幹と樹冠の大きさと縦断面の形状の測定および推定の方法の詳細は参考文献(7~10、15)を参照していただきたい。

(1) 幹曲線

幹曲線は、横軸には梢端からの距離、縦軸には幹半径をとった縦断面の半切分の形状を示すものであるが、幹の大小の影響を受けることのない最も合理的な幹曲線の形状の表現方法として、横軸に樹高に対する梢端からの相対距離を、縦軸に樹高の一〇分の一の地上高の位置(梢端から

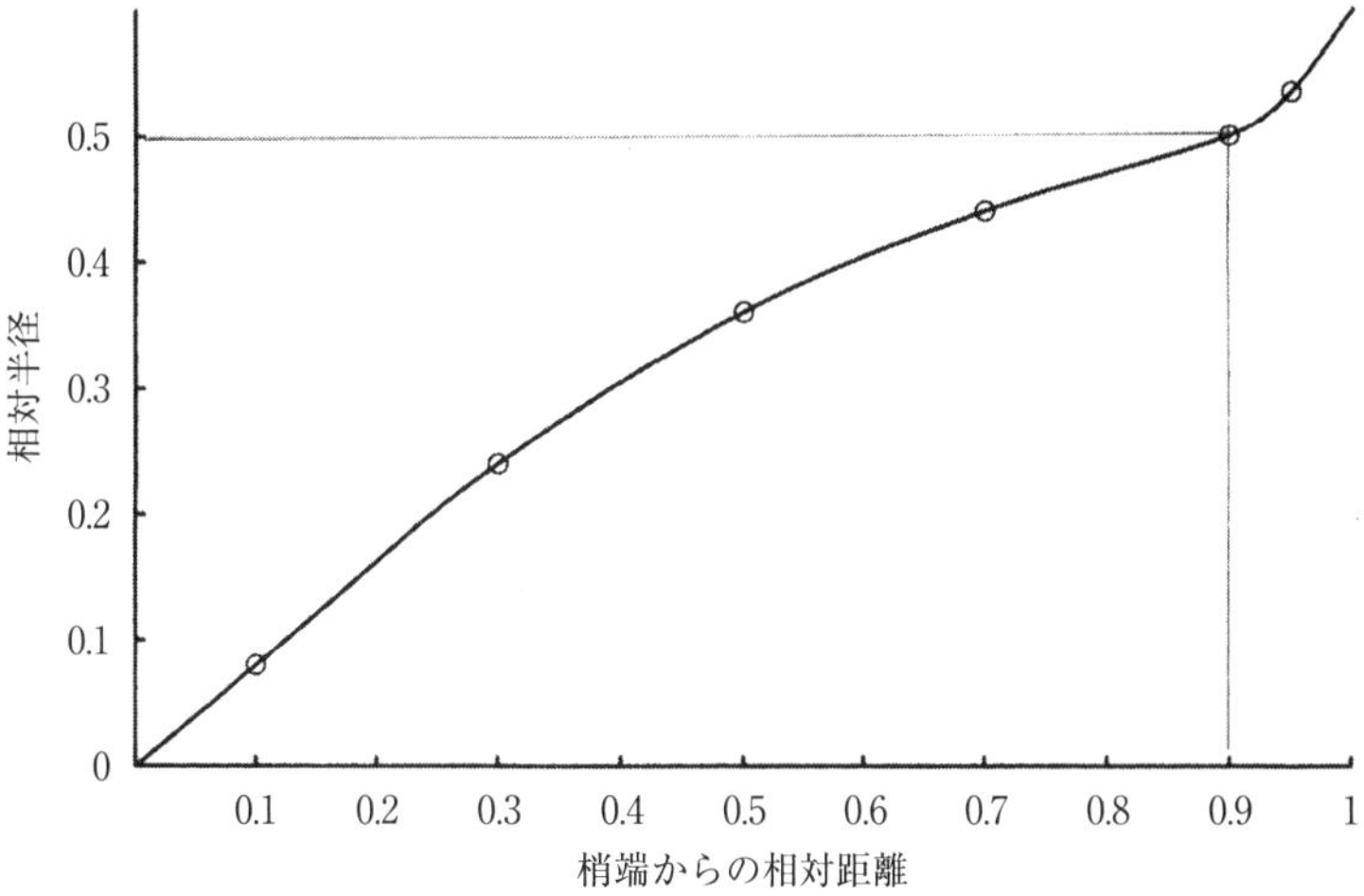

図3　相対幹曲線

幹の縦断面の半切分を横軸方向には樹高分の1、縦軸方向には樹高の10分の1に縮めて得られる相対幹曲線を示した図。

丸印：相対直径の位置

の相対距離〇・九の位置）の幹直径（基準直径）に対する幹半径の比である相対半径をとった相対幹曲線がある。

相対幹曲線は、普通は梢端からの相対距離が〇・一、〇・三、〇・五、〇・七、〇・九の位置での五つの相対半径で代表されているが、私は樹冠中に位置していて立木では測定できない相対距離が〇・一の位置の相対半径は除外するとともに、図3のように幹曲線の変化が特異な幹足部の形状もより正確に捉えるために、相対距離〇・九五の位置の相対半径を加えた五つの相対半径を相対幹曲線の表現に用いている。

調査地内の全立木の胸高直径、基準直径、樹高を測定し、二分の一から三分の一の標本木については上記のような各相対距離での幹直径をシュピーゲル・レラスコープのパーセント目盛とペンタプリズム輪尺を併用して立木の山側より測定し、五つの相対半径を算出する。

五つの相対半径をセットにして、調査地内の立木における相対幹曲線の形状の樹高や樹種による変化の有無を調べる。変化がなければ全立木を対象とし、変化があれば、その状態に応じて五つの相対半径が近似している樹高や樹種のグループを設ける。そして、全立木または樹高や樹種のグループごとに求めた各相対半径の平均値を用いて、次式を適用して座標（〇・九、〇・五）は必ず通るように最小二乗法で全立木またはグループごとの平均相対幹曲線式を定める。

$$y=ax+bx^2+cx^3+dx^{20}$$

ここで、dx^{20}の項を加えたのは、幹足寄りの幹曲線の形状をうまく表現するためである。

このようにして得た調査地内の全立木またはグループ内の立木の平均相対幹曲線を、各立木の樹高と基準直径の大きさに応じて、横軸方向に樹高倍、縦軸方向に基準直径倍して、調査地内の各立木の現実の幹曲線を求めている。

そして、各立木の現実の幹曲線の回転体の体積や表面積として各立木の幹材積や幹表面積を算出している。

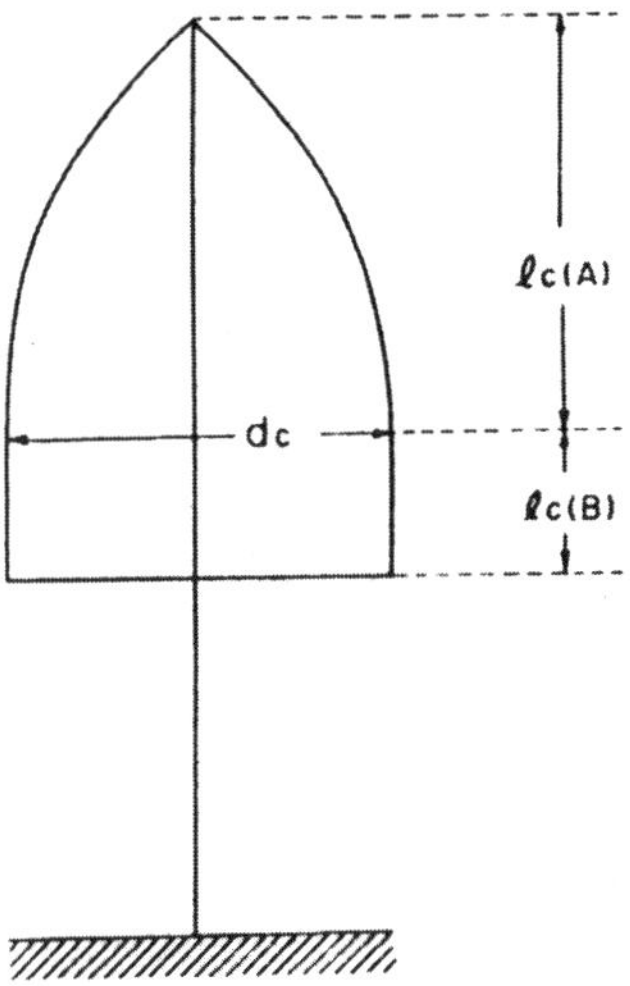

図4　針葉樹の樹冠形モデル
針葉樹の樹冠の縦断面をモデル化したもの。
dc：樹冠直径　lc(A)：陽樹冠長　lc(B)：陰樹冠長

（2）樹冠曲線

皆伐林と択伐林のスギ、ヒノキについて樹冠の縦断面形を調査したところ、円錐体ないしは放物線体状の十分な陽光を受ける陽樹冠の下に、十分な陽光は受けられないで枝の伸長が停止した円柱体状の陰樹冠がくっついたものとして図4のようにモデル化できることが分かった。

そこで、シュピーゲル・レラスコープにより、全立木の樹冠直径（＝樹冠基底直径＝陽樹冠基部直径）、陽樹冠長、陰樹冠長を測定するとともに、縦断面の形状が変化する陽樹冠部については、横軸に陽樹冠長に対する梢端からの相対距離、縦軸に陽樹冠基部直径に対する各位置の相対樹冠半径をとった相対陽樹冠曲線で表現し、その形状の指標として陽樹冠の中央位置の相対樹冠半径を求めている。

そして、前述の幹曲線の場合と同様に、陽樹冠中央位置の相対樹冠半径について調査地内の立木の樹高や樹種による変化の有無を調べ、変化がなければ全立木を対象に、変化があれば陽樹冠中央位置の相対樹冠半径が近似している樹高や樹種のグループごとに、陽樹冠中央位置での相対樹冠直径の平均値を算出し、それを利用して全立木またはグループごとの立木の平均相対陽樹冠曲線を、次式で表現して定数p、qを定める。

y=x/(p+qx)

このようにして得た調査地内の全立木またはグループ内の立木の平均相対陽樹冠曲線を、調査地内またはグループ内の各立木の陽樹冠の長さと基部直径の大きさに応じて、横軸方向に陽樹冠長倍、縦軸方向に陽樹冠基部直径倍して、調査地内の各立木の現実の陽樹冠曲線を推定している。

そして、各立木の現実の陽樹冠曲線に、円柱状の陰樹冠部分の樹冠曲線すなわち横軸に並行する陰樹冠長に等しい長さの直線を加えて全樹冠の樹冠曲線とし、その回転体の体積や表面積として陰陽別の樹冠の体積や表面積を算出している。

以上のようにして得た現実の幹曲線と樹冠曲線の推定結果は、十分に信頼できるものであると自負している。

ところで、樹冠の水平方向への広がりの大きさは、これまではもっぱら樹冠を地上に平行投影して得られる投影図の面積として測定されてきた。図5は、樹冠の投影面積の円形からの歪みの少ない平地の立木において、八方向の樹冠端から直角儀で垂線を下ろし、それらの点を結ぶという方法で測定した投影面積の測定値と、シュピーゲル・レラスコープによる樹冠直径（樹冠基底直径）の測定値と等しい直径を持つ円の面積として算出した樹冠基底断面積の測定値とを比較したものである。投影面積の測定では、空を見上げて樹冠端を判定することになるので、葉の着生密度の低い枝の先端までよく判別できる。これに対して、シュピーゲル・レラスコープによる樹冠直径の測定では、樹冠を上方の側面から見て枝の先端を判定することになり、背景が後方の立木の樹冠となって枝の先端がどうしても若干見失われがちになる。このため、樹冠の投影面積よりも基底断面積の方が平均して二割ほど小さく測られる結果になることが、実験的に確かめられている。なお、基底断面積や投影面積が記入されていない立木があるのは、樹冠の形が異常で測定しなかったり、周りの木の樹冠に邪魔されて基底断面積が測定できなかったものである。

林分構造図の作成

図6と図7は、皆伐林と択伐林における林分構造図を例示したものである。

幹の大きさの構成状態としては、胸高直径分布が図中の地上高一・二メートルの幹直径分布

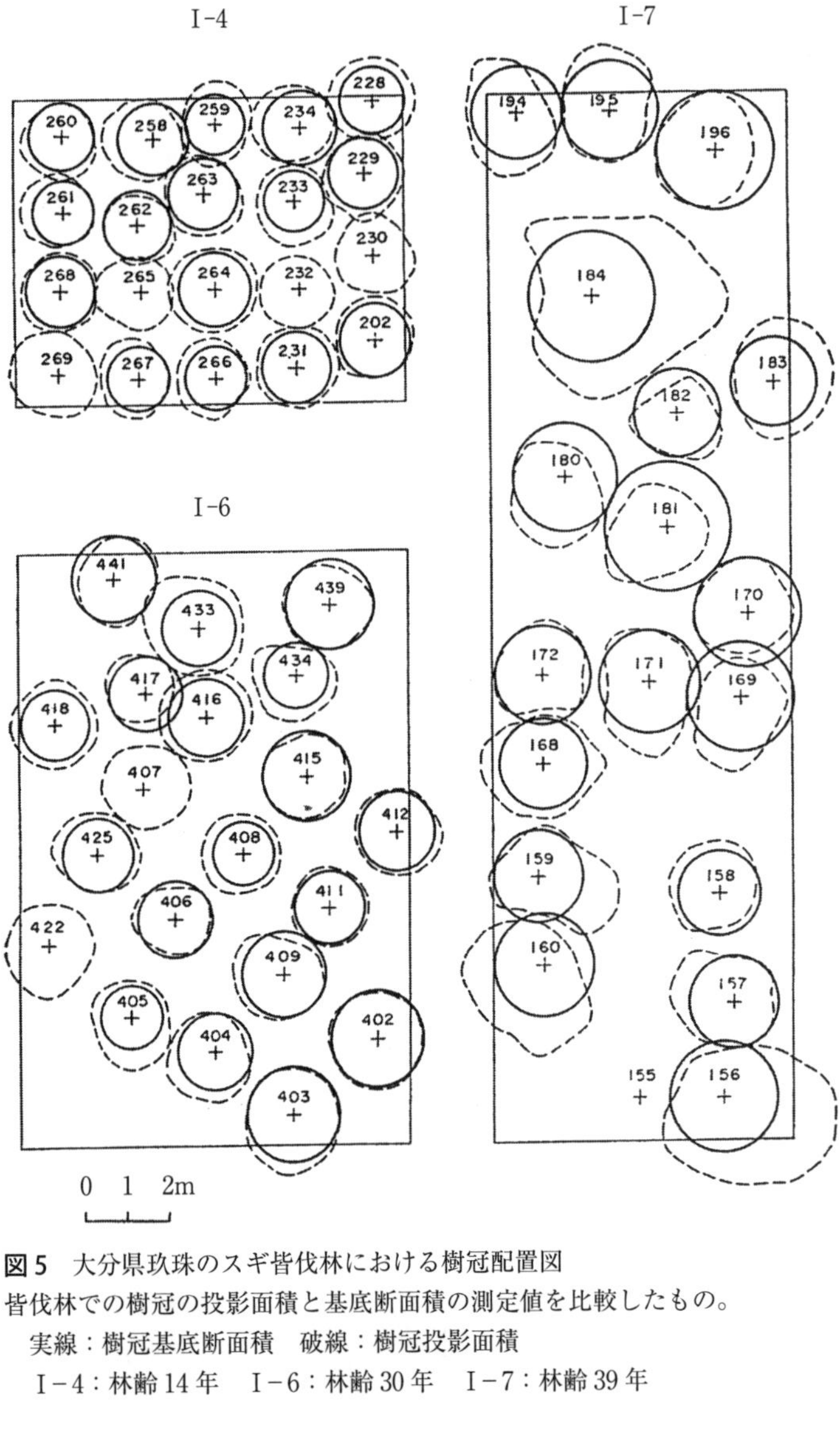

図5　大分県玖珠のスギ皆伐林における樹冠配置図
皆伐林での樹冠の投影面積と基底断面積の測定値を比較したもの。
実線：樹冠基底断面積　破線：樹冠投影面積
Ⅰ−4：林齢14年　Ⅰ−6：林齢30年　Ⅰ−7：林齢39年

に、樹高分布が図の右端に示してある。そして、上述のようにして求めた調査地内の全立木における現実の幹曲線と樹冠曲線から得たのが、胸高（地上高一・二メートル）を出発点とする各地上高における幹と陰陽別の樹冠の直径分布で、これから各地上高における幹と陰陽別の樹冠の断面積合計および周囲合計を算出した。座標軸と各地上高での幹や樹冠の断面積合計を結ぶ線で囲まれた図形の面積が幹や樹冠の体積合計を、図形の形状がそれらの垂直的配分を、また座標軸と各地上高での幹や樹冠の周囲合計を結ぶ線で囲まれた図形の面積が幹や樹冠の表面積合計を、図形の形状がそれらの垂直的配分を示している。これらに、幹と樹冠の諸要素の平均値と合計値を付記してある。なお、図7では各地上高での幹と樹冠の周囲合計は省略してあるが、その垂直的分布のパターンは、皆伐林と同様に、断面積合計のそれとよく似ていた。

林分構造図の作成には多量の計算が必要であるので、コンピュータのプログラムを組んで測定結果の整理、計算から作図までの全てを行っている。その関係で、調査地内の各立木について胸高直径、基準直径、樹高、幹の材積と表面積、樹冠の基底直径と基底断面積（基底直径と同じ直径の円の面積）、陽樹冠長と陰樹冠長、全樹冠長、枝下高（樹高から全樹冠長を引いた数値）、陰陽別の樹冠の体積と表面積（底面を除く側面の面積）なども別表として打ち出せるようになっている。

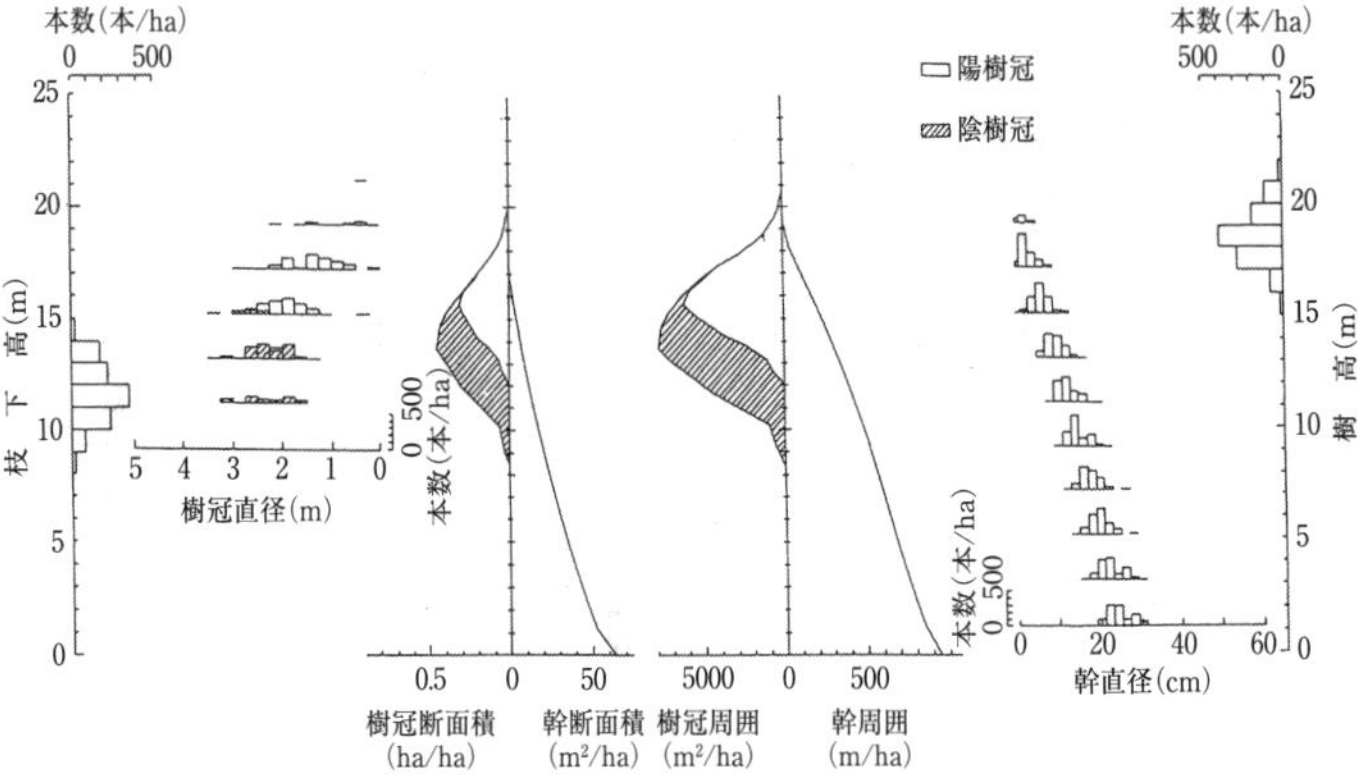

図6　大分県玖珠のスギ皆伐林における林分構造図の例（林齢42年の林分）

	陽樹冠	陰樹冠	全樹冠	立木本数(本/ha)	1,114
平均樹冠直径(m)	—	—	2.3	平均胸高直径(cm)	24.3
平均樹冠長(m)	4.1	2.7	6.8	平均樹高(m)	18.5
樹冠体積(m^3/ha)	11,010	13,270	24,280	幹材積(m^3/ha)	423
樹冠表面積(m^2/ha)	23,240	22,090	45,330	幹表面積(m^2/ha)	9,270
樹冠基底断面積(m^2/ha)	—	—	4,760	胸高断面積(m^2/ha)	52.6

皆伐林における幹と樹冠の空間占有状態を示した林分構造図。

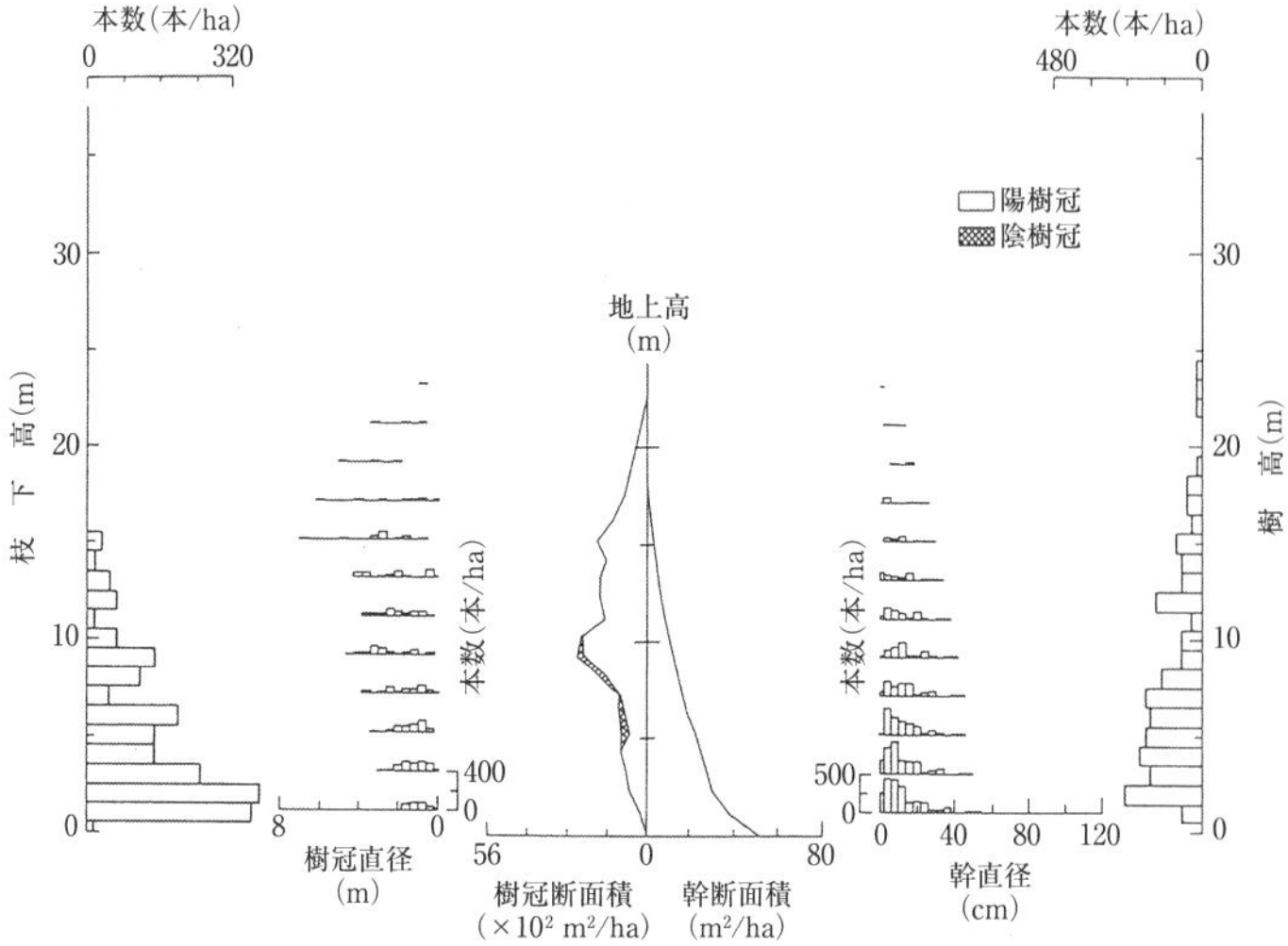

図７　岐阜県今須のスギ・ヒノキ択伐林における林分構造図の例
(1975年のG-5固定試験地)

	陽樹冠	陰樹冠	全樹冠		
				立木本数(本/ha)	2,083
平均樹冠直径(m)	—	—	2.4	平均胸高直径(cm)	11.5
平均樹冠長(m)	2.9	0.1	3.0	平均樹高(m)	7.0
樹冠体積(m^3/ha)	22,591	1,003	23,594	幹材積(m^3/ha)	295
樹冠表面積(m^2/ha)	34,689	1,571	36,260	幹表面積(m^2/ha)	6,021
樹冠基底断面積(m^2/ha)	—	—	11,224	胸高断面積(m^2/ha)	38.0

択伐林における幹と樹冠の空間占有状態を示した林分構造図。図6と比較すると、皆伐林との違いが分かる。

2　樹冠の大きさと空間占有状態および量の差異

一ヘクタール当たりの植栽本数が三〇〇〇～四〇〇〇本で普通の密度管理状態にある、大分県玖珠《くす》のスギ皆伐林に設けた林齢六〇年までの三〇カ所の暫定調査地、および集約な施業で知られた岐阜県今須のスギ・ヒノキ択伐林に設けた六カ所の固定試験地などで林分構造図を作成した結果に基づいて、皆伐林と択伐林の樹冠の大きさ、さらには皆伐林と照査法が目指す樹冠の空間占有モデルのような択伐林における樹冠の空間占有状態および量の差異を検討すると、次のようになる。

樹冠の大きさ

調査地内の全立木について、樹冠直径、陽樹冠長、陰樹冠長および陽樹冠の縦断面を示す曲線の膨らみ具合（基部直径に対する中央直径の比）を求め、それらの平均値の皆伐林における経年変化と密度管理状態による変化、および皆伐林と択伐林における差異を検討すると、次のようであった。

（1）皆伐林

皆伐林では、ほぼ同じ大きさの樹冠がほぼ一定の層に集中して、水平方向で隣接樹冠と互いに接近してはいるが交錯はしない状態で並んでいて、樹冠の大きさは隣接木との間隔によって強く規制される状態にある（図5を参照）。したがって、樹冠の大きさは立木の成長と本数の減少に伴う経年的な変化に加えて、密度管理状態の差異による変化も示すことになる。

大分県玖珠のスギ皆伐林について、樹冠直径、陰陽別の樹冠長、陽樹冠の基部直径に対する中央直径の比を求める。それぞれの平均値の経年変化および、樹冠の縦断面の経年変化を求めると図8のようになる。すなわち、樹冠が閉鎖する林齢一〇年あたりまでは陽樹冠のみからなるが、その後は陰樹冠が急速に発達して、まもなくその長さはほぼ一定で推移するようになる一方で、樹冠直径と陽樹冠長、および陽樹冠の膨らみ具合は増加している。なお、図8には幹の縦断面の経年変化も示しておいたが、これは基準直径、樹高および前述した各相対高での相対直径の平均値の経年変化から求めたもので、幹曲線は経年的にその形状の膨らみを増している。

わが国のスギ皆伐林では、各種の用途に適した形質の幹材を生産するために、植栽本数と以降の密度管理状態を異にする林木の育成が行われている。例えば、奈良県吉野では普通よりも高い密度管理をすることによって、優れた形質の建築用材の生産が、一方で宮崎県飫肥では低い密度管理をすることによって、和船の材料に適した軽い弁甲材が生産されていた。また、これは特殊

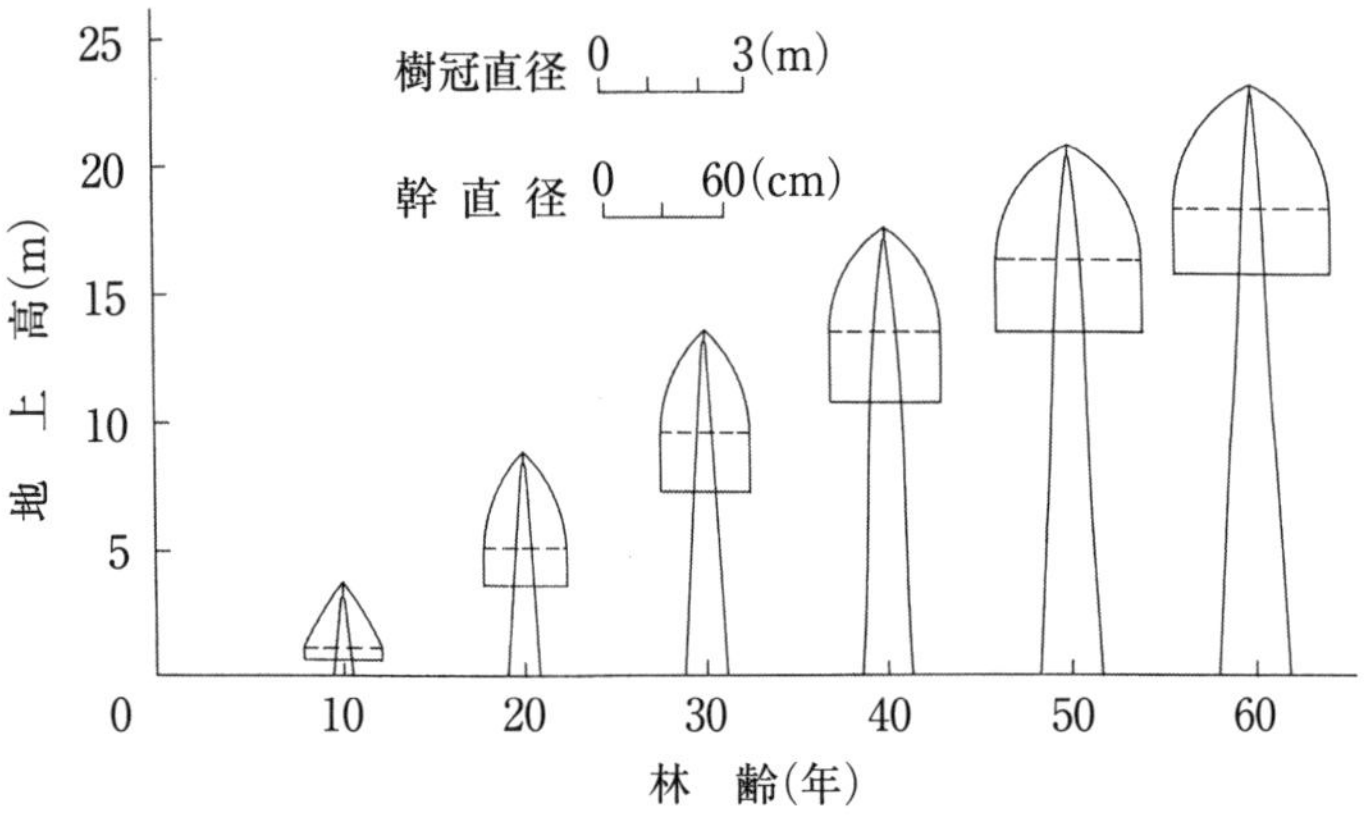

図8 大分県玖珠のスギ皆伐林における平均木の樹冠と幹の縦断面の経年変化
皆伐林における幹と樹冠の縦断面の経年変化を調査した結果を示した図。

であるが、京都市北山では植栽本数を普通よりも多くし、樹冠の閉鎖以後は間伐は一切行わず陰樹冠を全て枝打ちで除去するという手法で、床柱用の磨き丸太を生産している。

大分県玖珠などの普通の密度管理状態にあるスギ皆伐林と、これとは密度管理状態が異なる上記のような各地の皆伐林における先達や筆者の樹冠の測定結果に基づいて、密度管理状態による樹冠の大きさの変化を整理すると、陰樹冠を全て除去している北山の場合は別として、密度管理状態による陰樹冠長の差異はあまりみられないが、樹冠直径と陽樹冠長は高い密度管理状態にあるものほど小さくなっていた。

(2) 択伐林

大小の立木が混在している択伐林では、図9のように大小の樹冠が上下に重複している関係で、下層にある樹冠ほど上方の隣接樹冠による被圧は受けるが、水平方向では皆伐林におけるほど密に隣接樹冠と接することがなく、立木の間隔によって樹冠の大きさが強く規制される状態にはない。

そして、岐阜県今須のスギ・ヒノキ択伐林のスギでの測定結果によると、樹冠直径と陽樹冠長の樹高による増加は皆伐林よりも急であるが、陰樹冠長は皆伐林におけると同様に樹高によってほとんど違わない状態であった。

（3）皆伐林と択伐林における差異

普通の密度管理状態にある大分県玖珠のスギ皆伐林の暫定調査地と、岐阜県今須のスギ・ヒノキ択伐林の固定試験地のスギでの測定結果に基づいて、皆伐林と択伐林での樹冠直径、陰陽別の樹冠長、体積、表面積の樹高による変化を比較すると、次のようであった。

樹高が一五メートルほどまでの段階ではあまり違わないが、それより樹高が高くなると次第に両者の差が広がり、陰樹冠は択伐林よりも皆伐林の方が大きくなるが、陽樹冠およびこれに陰樹冠を加えた全樹冠は反対に皆伐林よりも択伐林の方が大きくなっていた。例えば、図10は皆伐林と択伐林における樹冠表面積の樹高による変化の差異を示したもので、ここにもそのような両者における差が表れている。なお、以上の結果は実際の皆伐林と択伐林における樹冠の大きさの差

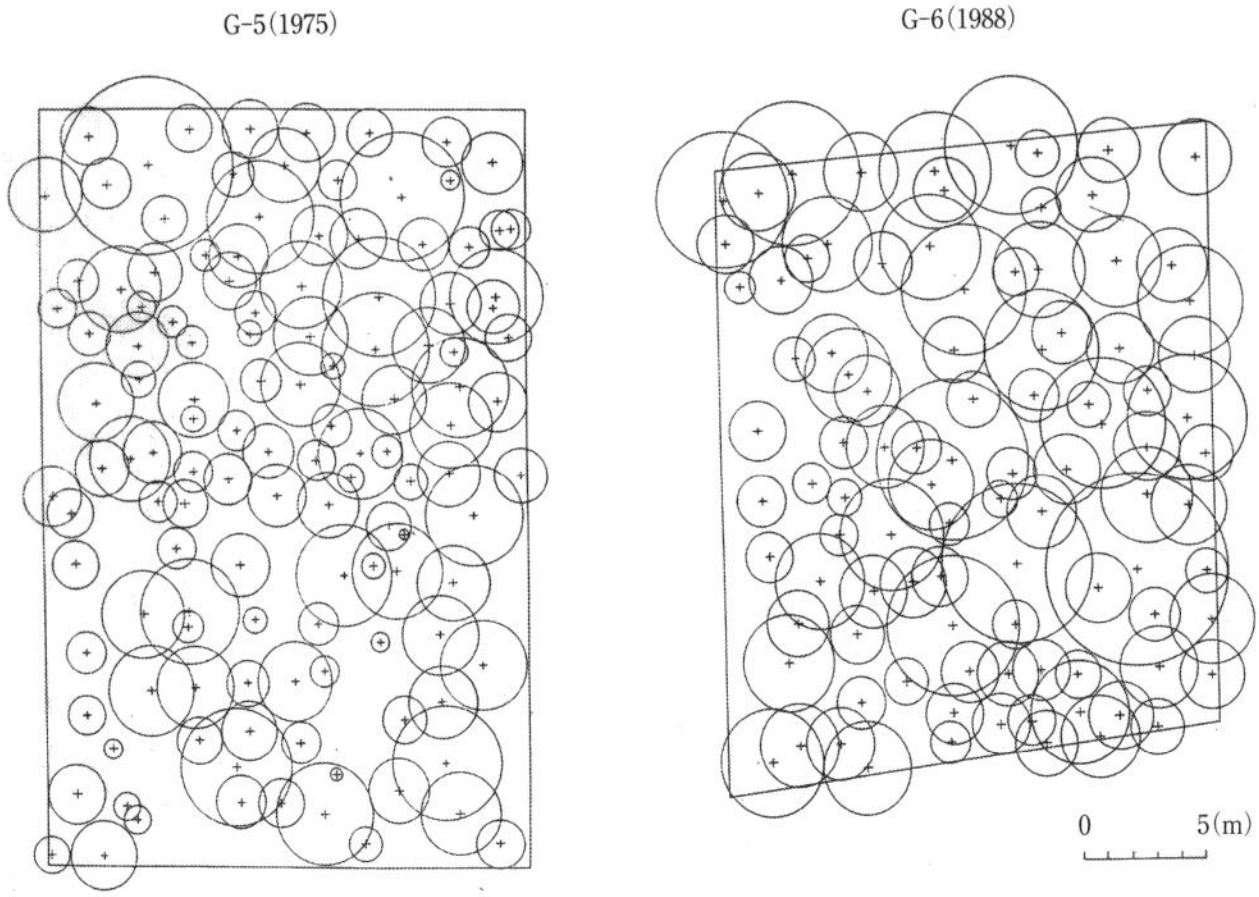

図9　岐阜県今須のスギ・ヒノキ択伐林における樹冠配置図の例
択伐林における樹冠基底断面積の配列状態の調査結果を示した図。
上部の記号は固定試験地名　数字は測定年

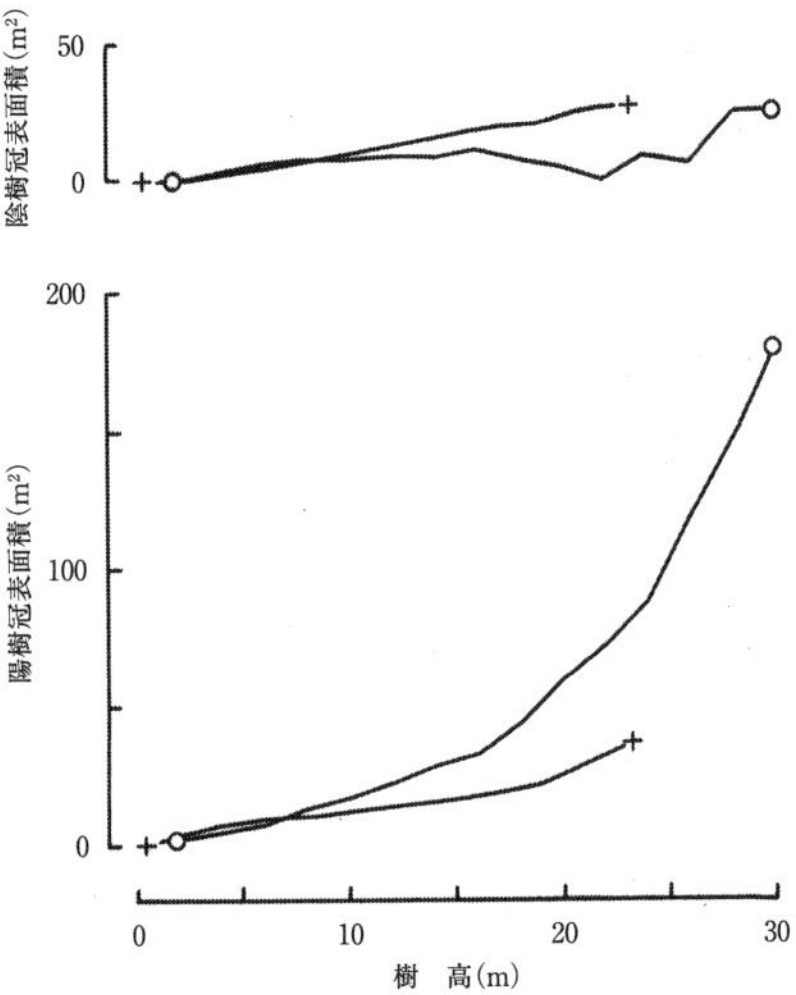

図10　皆伐林と択伐林のスギにおける樹冠表面積の比較
皆伐林と択伐林における樹冠表面積の差異の調査結果を図示したもの。
＋：大分県玖珠の皆伐林　　○：岐阜県今須の択伐林

異であるが、後述する樹冠の空間占有モデルのような択伐林を対象とした場合でもその差異はこれとあまり違わないとみなし、以下の検討を進めた。

樹冠の空間占有状態および量の検討

スギ、ヒノキの皆伐林と照査法が目指した樹冠の空間占有モデルのようなスギ・ヒノキ択伐林における樹冠の空間占有状態と量、および両者における差異は、次のようであった。

（1）皆伐林

普通の密度管理状態にある大分県玖珠のスギ皆伐林の林齢六〜六〇年の三〇林分で林分構造図を作成して得た樹冠断面積合計の垂直的配分に基づいて、その平均的な状態の経年変化を示したのが図11である。すなわち、若い皆伐林では地際まで樹冠が存在するが、林齢が高くなるにつれて樹冠が存在する地上高の範囲は次第に上部に限られていき、地上高の低い部分では樹冠の存在しない空間が広がっている。

そして、全樹冠と陽樹冠の体積合計と表面積合計の経年変化は図12と図13のようであった。すなわち、樹冠が閉鎖する林齢一〇年までは陽樹冠のみからなり、その量は急増する。その後の林齢二〇年までは、陽樹冠の量が減少する一方で陰樹冠の量が急増し、林齢二〇年以降では陰樹冠の発達が停滞し、陽樹冠の体積合計が単調な増加を示すのに対して表面積合計はほとんど一定化している。

なお、林齢二〇年を過ぎて陽樹冠の体積合計は増加しているのに表面積合計はほぼ一定化しているのは、次のような理由によるものである。数学的に、樹冠基底断面積合計と平均的な陽樹冠の膨らみ具合は両者に共通する関係因子であるが、前者では平均的な陽樹冠長が、後者では陽樹冠の基底直径に対する長さの比である平均的な陽樹冠形状比が第三の関係因子となる。測定結果によると、平均の陽樹冠長と陽樹冠形状比とでは林齢二〇年を過ぎての経年変化が異なり、前者が増加し続けるのに対して後者は減少するために、このような結果になったとみられる。

大分県玖珠のスギ皆伐林のような樹冠の空間占有状態と量の経年変化は、普通の密度管理状態にある京都府立大学の大野演習林のスギ皆伐林固定試験地（林齢一九～三三年）や鷹峯演習林のヒノキ皆伐林固定試験地（林齢一四～二六年）の継続測定結果でもみられ、地域やスギとヒノキといった樹種の間における差異もほとんど認められなかった。

スギやヒノキの皆伐林の密度管理状態による樹冠量の差異については測定していないが、欧米におけるトウヒ、モミ、アカマツの皆伐林の密度試験地での調査結果からすると、皆伐林での全樹冠の量は密度によってあまり違わないようである。

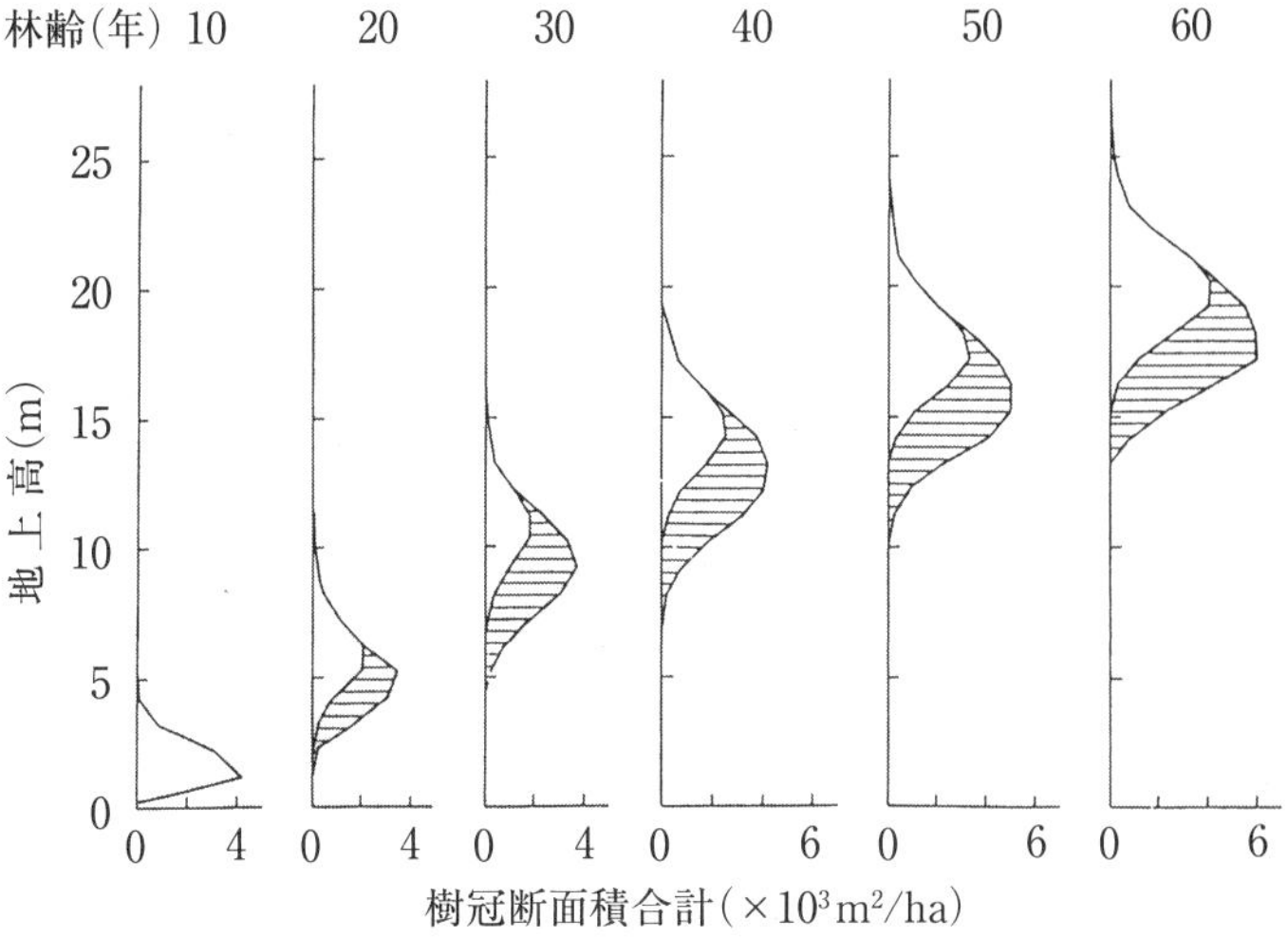

図11　大分県玖珠のスギ皆伐林における樹冠の空間占有状態の経年変化
皆伐林における樹冠の空間占有状態の経年変化を示したもの。
白抜き部分：陽樹冠　横線部分：陰樹冠

(2) 択伐林

照査法による択伐林では、図11に示した皆伐林で樹冠が存在しない空間、すなわち林齢が低い段階では樹冠より上の空間を大きな立木の樹冠で、林齢の高い段階では枝下の空間を中・小の立木の樹冠で埋めて、最大木の樹高に相当する一定の高さ以下の林木の生育空間は常に最大限に利用できるようにすることによって、皆伐林よりも多い幹材積生産量の達成を目指したわけである。その結果、単位生育空間当たりの立木本数は、樹冠が大きい上層の空間よりも樹冠の小さい下層の空間で多くなって、胸高直径分布は逆J字型を示すことになるわけである。

しかし、このような状態で上・中層に樹

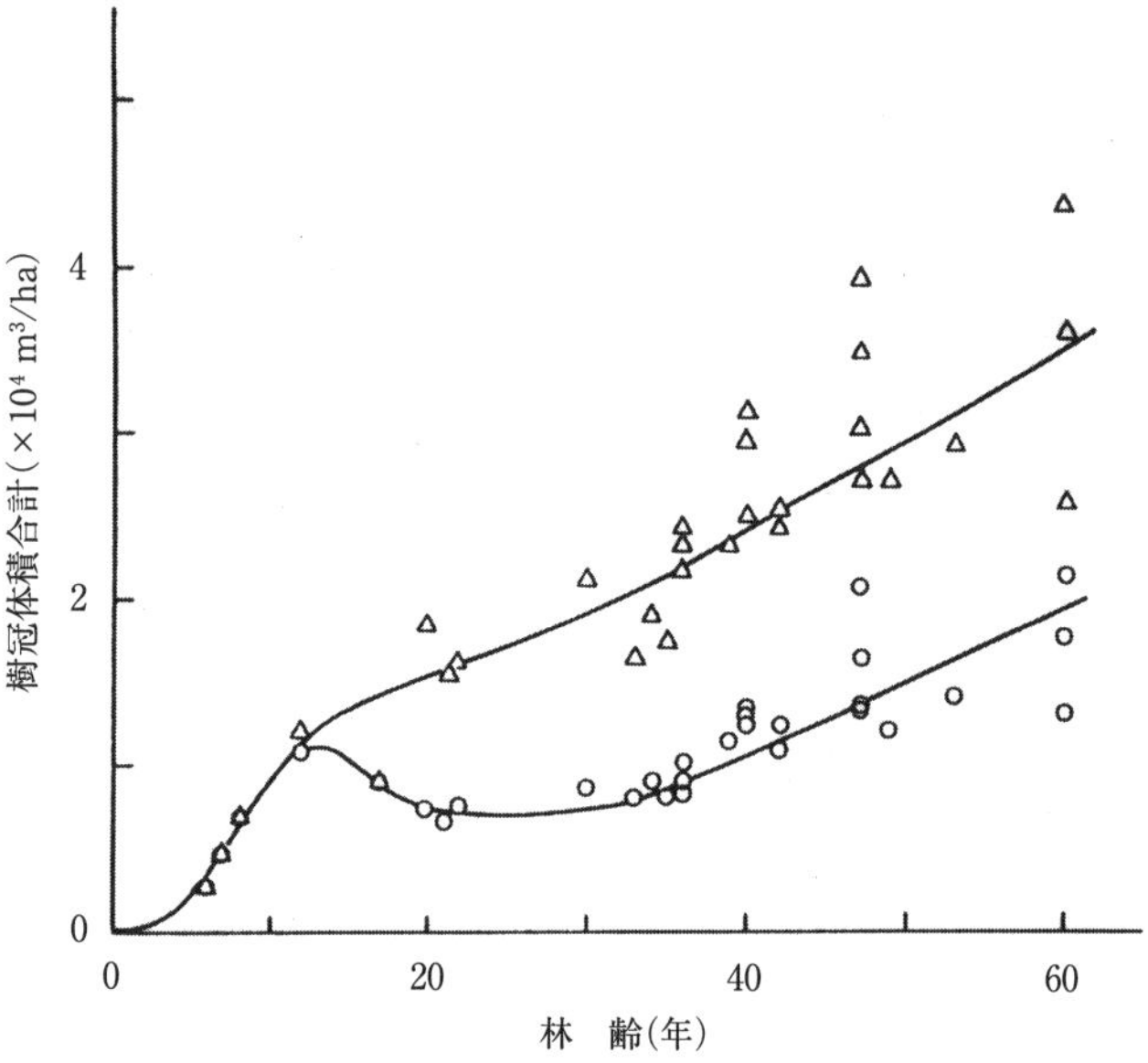

図 12　大分県玖珠のスギ皆伐林における樹冠体積合計の経年変化
皆伐林における樹冠体積合計の経年変化の調査結果を図示したもの。
○：陽樹冠　△：全樹冠

冠がぴっちり詰まった状態では、林内の陽光量が不足して下層の後継樹の生育ができなくなるので、後継樹の生育に必要な林内の陽光量確保という条件が付けられたとみられる。

◎照査法が目指した樹冠の空間占有モデル

筆者の知る限りでは、照査法が目指したヨーロッパ方式の択伐林の樹冠の空間占有モデルといえるものは、高知県魚梁瀬（国有林）のスギ択伐林について提示されているものしか見当たらない。すなわち、下層から上層までの林木が

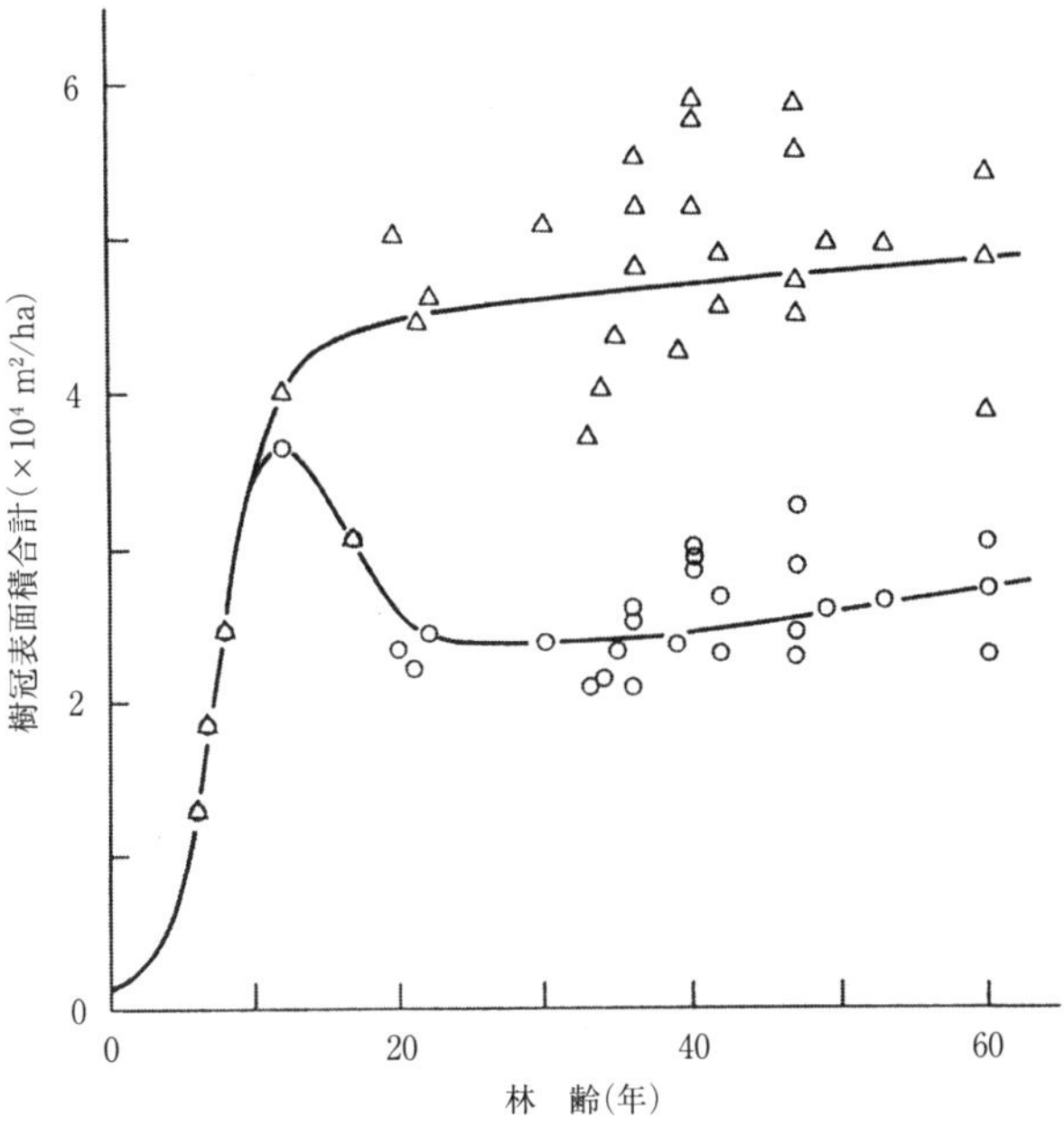

図 13　大分県玖珠のスギ皆伐林における樹冠表面積合計の経年変化
択伐林における樹冠表面積合計の経年変化の調査結果を図示したもの。図 12 と比較すると、樹冠体積合計の経年変化との違いが分かる。
○：陽樹冠　△：全樹冠

良好な成長を示している択伐林を調査したところ、樹冠投影面積合計の垂直的配分は一様で、一ヘクタール当たりの樹冠投影面積合計の値は一万五〇〇〇平方メートル（図5で説明したような関係からして、樹冠基底断面積合計は一万二〇〇〇平方メートル）であるというものである。

ところで、照査法が目指した択伐林における胸高直径分布の型は樹冠の基底断面積または投影面積の合計の垂直的配分と、また林内の相対日射量は樹冠の基底断面積または投影面積の合計の値と密接な関係が予想されるので、魚梁瀬のスギ択伐林の樹冠の空間占有モデルは、照査法による択伐林の要件を樹冠の空間占有状態に置き換えて表現したものとも受け取れる。

そこで、魚梁瀬のスギ択伐林で提示されている樹冠の空間占有モデルの有効性を実験的に検討するために、一九七五～九四年にわたり岐阜県今須の択伐林に設けた六カ所の固定試験地で二、三回の繰り返し測定をするとともに、一九八五～九三年にわたり滋賀県谷口（田根）、広島県沼田（寄木氏所有）、広島県吉和、愛媛県久万（岡氏所有）、高知県魚梁瀬（国有林の和田山択伐実験林）の択伐林に設けた暫定調査地で各一回の測定をし、択伐林の要件である逆J字型の胸高直径分布と下層の後継樹の生育状態または林内の相対日射量を調べるとともに、樹冠の空間占有モデルの構成要素である樹冠基底断面積合計の値とその垂直的配分をも調査した。樹冠基底断面積合計の値とその垂直的配分の調査には、林分構造図の作成時に得られた各樹冠の基底断面積を地上高階別に集計することによって得た図14のような結果を用いた。

この調査結果によると、択伐林の要件を満たしていたのは、岐阜県今須のスギ・ヒノキ択伐林に設けたG-5固定試験地での一九七五年当時の調査結果のみで、この場合には樹冠の空間占有状態もモデルに近似していた。そして、択伐を導入してから三〇年ほどしか経っていない未完成な択伐林であるために、樹冠はまだ垂直的に連続しておらず胸高直径分布はきれいな逆J字型を示してはいなかったが、一九九二年に調査した愛媛県久万のスギ択伐林でも、スギの後継樹の生育に必要とされる林内の相対日射量一五～二〇パーセントは確保されていて、樹冠の空間占有状態もモデルにかなり近かった。その他の場合には、いずれもが択伐林の要件を満たしていないと同時に、樹冠の空間占有状態もモデルとはかけ離れた状態であった。

前述した照査法による択伐林での要件と樹冠の空間占有モデルとの関連性と、ここでの実験的な調査結果を考え合わせると、魚梁瀬のスギ択伐林で提示されている樹冠の空間占有モデルは、照査法が目指す択伐林における樹冠の空間占有状態を示す適切なものと判断される。

そこで、樹冠の基底断面積または投影面積の合計の値とその垂直的配分について、国の内外の資料を用いて検討を重ねた結果、二つのことが分かった。

一つは、照査法によるヨーロッパのモミ・トウヒ択伐林試験地の調査結果によると、樹冠の投影面積合計の値には樹種による差異はあるが、その垂直的配分はやはり一様性の認められたものが多かったことである。

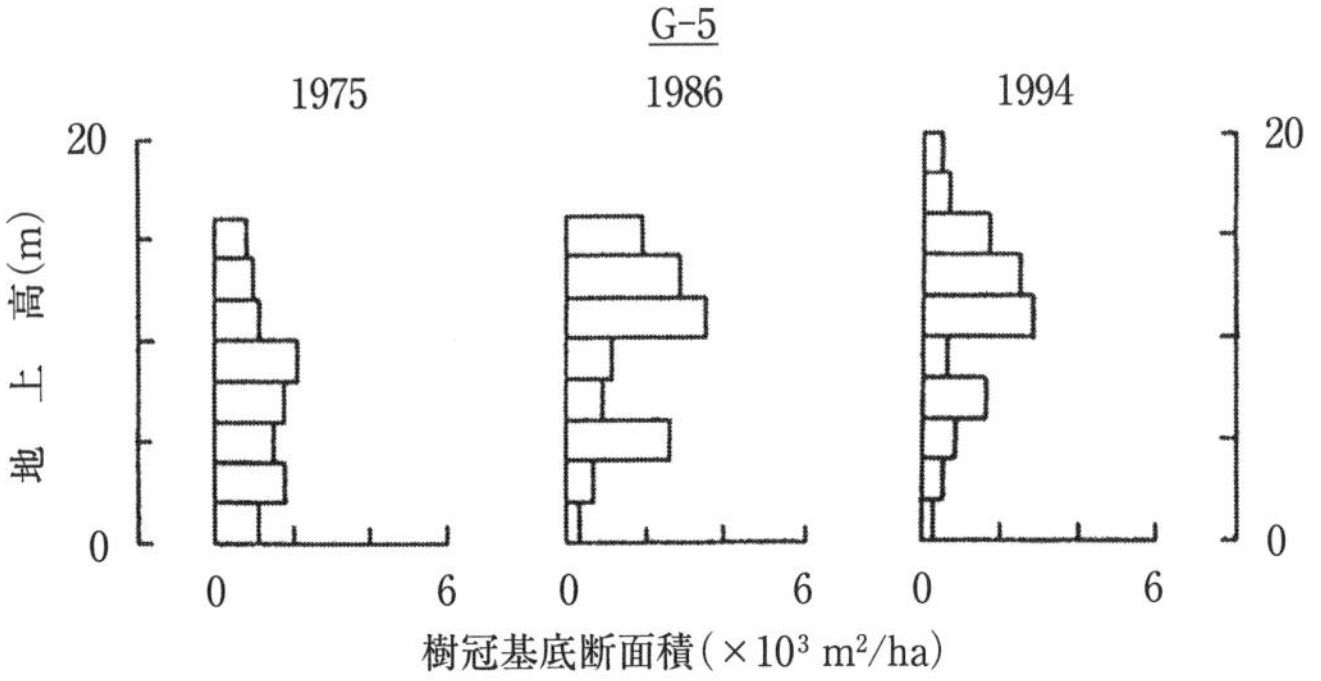

図 14　岐阜県今須のスギ・ヒノキ択伐林のG-5固定試験地における樹冠基底断面積合計の垂直的配分の経年変化
岐阜県今須のスギ・ヒノキ択伐林に設けた固定試験地での樹冠基底断面積合計の垂直的配分の調査結果を図示したもの。最初は垂直的配分がほぼ一様であったものが、上部で多くて下部で少ない状態に経年変化していることが分かる。
　上部の記号は固定試験地名、数字は測定年

もう一つは、樹冠の投影面積合計または基底断面積の垂直的配分が一様に近い高知県魚梁瀬・岐阜県今須の一九七五年当時のG-5固定試験地・愛媛県久万のスギを中心とする択伐林での調査結果からすると、林内における最高の樹冠基部高にかなりの差があっても、一ヘクタール当たりの樹冠の基底断面積合計では一万二〇〇〇平方メートルでほぼ一定していたことである。

これらの結果から、一ヘクタール当たりの樹冠基底断面積合計の値は一万二〇〇〇平方メートルで、その垂直的配分は一様であるという樹冠の空間占有状態を、照査法が目指すヨーロッパ方式のスギ・ヒノキ択伐林に広く適用できる普遍的な樹冠の空間占有モデルとして、改めて提示した。このモデルと魚梁瀬のスギ択伐林について提示されているモデルに基本的な違いはないが、異なる点が二つある。一つは、地上高一メートル当たりの樹冠基底断面積合計を、全樹冠の基底断面積合計一万二〇〇〇平方メートルを最高の樹冠基部高で割ったものとし、最高の樹冠基部高が高くなるほど減少するとしていることである。もう一つは、スギとヒノキが混交した今須択伐林での測定結果を用いて統計学の手法で検定したところ、胸高直径が同じ立木でのスギとヒノキにおける樹冠の基底断面積には差が認められなかったため、このモデルは両樹種の混交割合には関係なく成立するとしていることである。

◎樹冠の空間占有モデルに基づく胸高直径分布モデル

統計学の手法で検定したところ、胸高直径が同じスギとヒノキの樹冠では、基底断面積だけでなく樹冠基部高にも差が認められなかったので、上記のスギ・ヒノキ択伐林の普遍的な樹冠の空間占有モデルに、両樹種に共通する胸高直径と樹冠基部高および樹冠基底断面積との平均的な関係を持ち込めば、最高の樹冠基部高別にスギ・ヒノキ択伐林の胸高直径分布モデルが算出できる。それを示したのが図15である。

左上図が樹冠空間占有モデルを示したもので、樹冠基底断面積合計は最高の樹冠基部高と地上高一メートル当たりの樹冠基底断面積の積として与えられる。そして、右の上段が胸高直径と樹

写真1　岐阜県今須のスギ・ヒノキ択伐林の今昔
古くからある、集約な施業で知られた択伐林である。上は、大小の立木が揃っていて、樹冠の空間占有状態がモデルに近い状態にあったとみられる1975年以前に撮影された写真である。下は、上層に多くて下層に少ない状態へと樹冠の空間占有状態がモデルから大きく離れていて、このままでは後継樹不足からやがて択伐林は消滅するとみられる1988年当時の写真である。（上は元岐阜県庁の中村基氏撮影、下は奈良県庁の和口美明氏撮影）

写真2　愛媛県久万のスギ択伐林
樹齢80年前後の皆伐林に、1964年から択伐林施業を導入している未完成の択伐林であるが、将来は立派な樹冠の空間占有モデルのような択伐林になると期待される森林である。上は大きな前生木が残っている部分。下は順次植栽された後継樹がきちんと育っている部分の、2006年に撮影された写真である。（撮影当時は愛媛大学、現在は琉球大学の大田伊久雄氏撮影）

冠基部高の平均的な関係、中段が胸高直径と樹冠基底断面積との平均的な関係、下段がモデルにおける任意の胸高直径階の立木本数を示すものである。任意の胸高直径階の立木の樹冠基底断面積合計は左上図の斜線部の面積となり、これをその胸高直径階の立木の樹冠基底断面積で割ったものがこの胸高直径階の立木本数となるので、これは図の脚注の最下段に示す式で与えられることになる。

図15に基づいて、岐阜県今須のスギ・ヒノキ択伐林における最高の樹冠基部高が一五〜二〇メートルの場合の胸高直径分布モデルを算出すると表1のようになり、いずれも逆J字型を示している。なお、後継樹を植栽している今須択伐林では、行き届いた保育をすれば後継樹の枯損は防げ、択伐林を持続する上ではモデルからの計算値ほど多くの小径木を必要とせず、胸高直径階六センチメートル以下での各胸高直径階の立木本数は一定であっても現実には支障はないとされているようであるので、これをそのおよその本数を修正本数として併記しておいた。

◎樹冠の空間占有モデルにおける樹冠量

表1の胸高直径分布モデル（小径木については修正本数を使用）に、固定試験地での測定結果から得られたスギとヒノキ共通の胸高直径と樹冠の諸量との平均的な関係を持ち込んで一ヘクタール当たりの樹冠量の諸量を推定すると、最高の樹冠基部高によってほとんど相違を示さず、樹

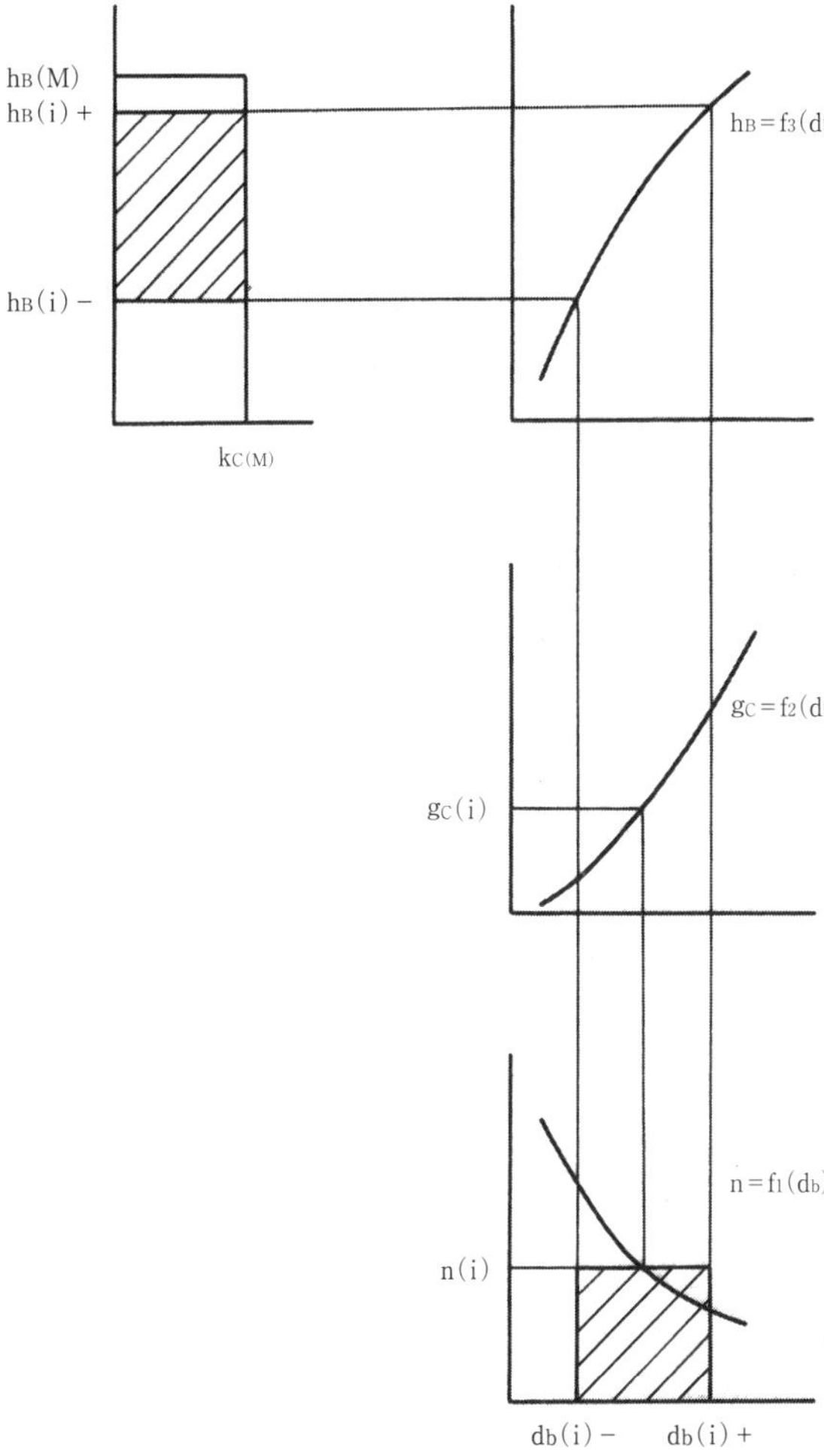

図 15　択伐林の樹冠の空間占有モデルと胸高直径階別立木本数との関係

樹冠の空間占有モデルから胸高直径分布モデルを誘導する方法を図示したもの。

d_b：胸高直径　n：本数　g_C：樹冠基底断面積　h_B：樹冠基部高

$k_{C(M)}$：モデルにおける地上高 1m 当たりの樹冠基底断面積合計

$h_{B(M)}$：モデルにおける最高の樹冠基部高

(i)：ある直径階　+：上限　−：下限

$$n(i) = \{k_{C(M)}(h_{B(i)+} - h_{B(i)-})\} \div (g_{C(i)})$$

冠体積合計は陽樹冠が三万二〇〇〇立方メートル、全樹冠が三万四〇〇〇立方メートル、樹冠表面積合計は陽樹冠が三万三〇〇〇平方メートル、全樹冠が四万平方メートルであった。

樹冠の空間占有モデルのような状態に達した択伐林では、前掲の図2に示したような期首の逆J字型の胸高直径分布が、期末には各胸高直径の立木の胸高直径成長量に応じて右方向に移動することになる。これを、期首の状態に戻すように各胸高直径の立木を択伐すると、胸高直径分布と全体の立木本数、したがって樹冠の空間占有状態と量もほぼ期首の状態に戻って、経年的には上記に近い樹冠量の値がほぼ保たれるとみられる。

なお、前掲の図14にみられるように、一九七五年にはほぼ樹冠基底断面積合計の垂直的配分が一様であったものが、一九八六年以降では上層に多くて下層に少ない状態に偏り、林分全体の樹冠量も多くなっているが、調査を始めた一九八七年以降に他の固定試験地でも、これと同様の樹冠量の垂直的配分の偏りと増加が認められた。その原因は木材不況のために上層木の伐採が停滞して上層の樹冠量が増加し、後継樹の植栽が行われなくなるとともに、林内の日射量不足で後継樹の枯損が増加したことにあるとみられた。それを受けて、岐阜県今須のスギ・ヒノキ択伐林での延べ一三回の測定結果から得た一ヘクタール当たりの平均値は、樹冠基底断面積が一万五〇〇〇平方メートル、樹冠体積合計が陽樹冠で四万五〇〇〇立方メートル、全樹冠で五万四〇〇〇立方メートル、樹冠表面積合計が陽樹冠で四万九〇〇〇平方メートル、全樹冠で六万平方メートル

表1　岐阜県今須のスギ・ヒノキ択伐林における胸高直径分布モデル

（単位　本/ha）

胸高直径（cm）	最高の樹冠基部高（m） 15	16	17	18	19	20
2	589(250)	552(250)	520(250)	491(250)	465(250)	442(250)
4	409(250)	383(250)	361(250)	341(250)	323(250)	307(250)
6	293(250)	274(250)	268(250)	244	231	219
8	217	203	191	181	171	163
10	166	155	146	138	131	124
12	130	122	115	108	103	97
14	104	97	92	87	82	78
16	84	79	75	70	67	63
18	70	65	61	58	55	52
20	58	55	51	48	46	44
22	49	46	43	41	39	37
24	42	39	37	35	33	31
26	36	33	31	30	28	27
28	31	29	27	26	24	23
30	27	25	24	22	21	20
32	23	22	20	19	18	17
34	20	19	18	17	16	15
36	18	17	16	15	14	13
38	16	15	14	13	12	12
40	14	13	12	12	11	10
42	12	12	11	10	10	9
44		10	10	9	9	8
46		9	9	8	8	7
48		8	8	7	7	7
50			7	7	6	6
52			6	6	6	5
54			6	5	5	5
56				5	5	4
58				4	4	4
60				4	4	4
62				4	3	3
64					3	3
66					3	3
68					3	2
70					2	2
72					2	2
74						2
76						2
78						1
80						1
82						1
84						1
86						1
合　計	2,408 (1,867)	2,282 (1,823)	2,179 (1,780)	2,065 (1,733)	1,970 (1,682)	1,877 (1,628)

立木本数はスギとヒノキを込みにした値である。
括弧内の数値は、現実にはこれでよいことを示す修正本数である。

と、いずれも上記の樹冠の空間占有モデルでの値よりも多くなっていた。

愛媛県久万以外の滋賀県谷口、広島県沼田、広島県吉和の択伐林における一九八五年以降暫定調査地の結果でも、一九八六年以降の今須択伐林と同様のモデルからの歪みと各種の樹冠量の増加がみられた。なお、高知県魚梁瀬の択伐林での樹冠の空間占有状態については後述する（後掲の図21を参照）。

最近の多くの択伐林が示す樹冠の空間占有状態のままでは、林内の日射量不足から後継樹が育たなくなり、やがて択伐林が継続できなくなることは必至とみられる。

（3）皆伐林と択伐林での差異

大分県玖珠のスギ皆伐林での測定結果と、岐阜県今須の樹冠の空間占有モデルのようなスギ・ヒノキ択伐林における推定結果を比較すると、次のようになっている。

皆伐林で樹冠が存在するのは一定の地上高の範囲に限られ、林齢の若い段階では樹冠層の上に、林齢が高くなると樹冠層の下に樹冠が存在しない空間があるのに対して、択伐林では常に全ての地上高にわたって樹冠がほぼ均等に存在する。

そして、皆伐林での樹冠基底断面積合計は常に林地面積よりも少ない（図5を参照）のに対して、択伐林では常に林地面積を超えている（図9を参照）のが普通である。ただし、択伐林では樹冠が上下に重なっている関係で、樹冠に覆われていない林地も存在する。筆者らの調査によると、後継樹の生育が確保されているスギ・ヒノキ択伐林での樹冠で覆われていない林地の面積は一五パーセントほどで、択伐林での樹冠による林地面積の被覆率は八五パーセントとなる。これに対して、皆伐林での樹冠基底断面積合計の調査結果からすると、樹冠による林地面積の被覆率は樹冠閉鎖当初には最大で八〇パーセントと択伐林とあまり違わないが、それ以外の時期では常に択伐林より小さくて、樹冠による林地面積の被覆率は、全体的に択伐林よりも小さい。

また、皆伐林での調査結果（図12、13を参照）と、前記の樹冠の空間占有モデル林分での推定値を比較してもらえば分かるように、両者における樹冠量には次のような差異がある。陽樹冠の体積合計は常に、表面積合計は両者の値がほぼ同じになる林齢一〇年あたりの皆伐林の樹冠閉鎖当初以外では、皆伐林よりも択伐林の方が多い。全樹冠の体積合計は、両者の値がほぼ同じになる林齢六〇年までは皆伐林よりも択伐林の方が多く、表面積合計は樹冠が閉鎖する林齢一〇年以前では皆伐林よりも択伐林の方が多いが、樹冠閉鎖時以降では逆に皆伐林の方が択伐林よりも多い。そして、皆伐林で陰樹冠が十分に発達した林齢二〇年以降では、陰樹冠の体積合計と表面積合計は択伐林よりも皆伐林の方が多くなり、全樹冠に占める陰樹冠の割合は択伐林よりも皆伐林の方が高い。

なお、皆伐林と択伐林での樹冠の大きさと樹冠の空間占有状態および量の調査結果の詳細については、参考文献（8〜10、15）を参照されたい。

3　木材生産機能の優劣

前節で述べた皆伐林と樹冠の空間占有モデルのような択伐林における樹冠の大きさと樹冠の空間占有状態および量の差異と、これから述べる樹冠と幹の成長との関係を踏まえて、幹材の形質および幹材積生産量の優劣を比較検討すると、次のようになる。

樹冠と幹の成長との関係

樹冠下部の葉は幹の成長に関与していないとか、幹の成長を支配する樹冠量としては体積よりも表面積を用いるのが妥当で、しかもそれは全樹冠ではなくて陽樹冠の表面積の方が適しているといった指摘はあるが、その実験的裏付けは乏しい。

そこで、皆伐林と択伐林において多数のスギとヒノキを伐倒し、樹冠内部の着葉状態および陽樹冠と陰樹冠の位置に対応した幹の断面積と直径の成長量の垂直的変化を調べた。調査の方法は参考文献（8〜10）を参照してもらうとして、その結果を例示したのが図16である。この調査によって、次の二つのことが分かった。

一つは、樹冠の着葉部の厚さには樹冠の大きさに関係なく樹種的に定まった限界があり、着葉部体積の樹冠体積に対する割合は樹冠が大きくなるにつれて減少するが、着葉部体積の樹冠表面積に対する比はほぼ一定していて、着葉部体積と樹冠表面積はほぼ比例関係にあることである。これは、樹冠の着葉部体積ひいては葉量の指標としては、樹冠の体積よりも表面積が適していることを示している。なお、着葉部体積の樹冠表面積に対する比は、スギとヒノキでほぼ同じで、〇・五であった。

もう一つは、樹冠で光合成された物質が下方に流れて幹の成長をもたらすわけであるが、幹断面積成長量は陽樹冠表面積が次第に増加する梢端から陽樹冠基部位置までは増加するが、陰樹冠内に入ると増加が停止して一定で推移するようになるという垂直的変化のパターンが認められたことである。座標軸と幹断面積成長量の垂直的変化を示す線で囲まれた図形の面積が幹材積成長量となるのであるから、この幹断面積成長量の垂直的変化のパターンは、幹の断面積や材積の成長量に寄与しているのは陽樹冠部だけで、陰樹冠部は幹の成長とは無関係な状態にあることを示すものと受け取れる。

これらの結果は、幹材積成長量の指標としては陽樹冠表面積を用いるのが妥当であることを裏付けている。

私は、陽樹冠表面積と幹の各成長量との間には、次のような関係が成立すると考えている。陽

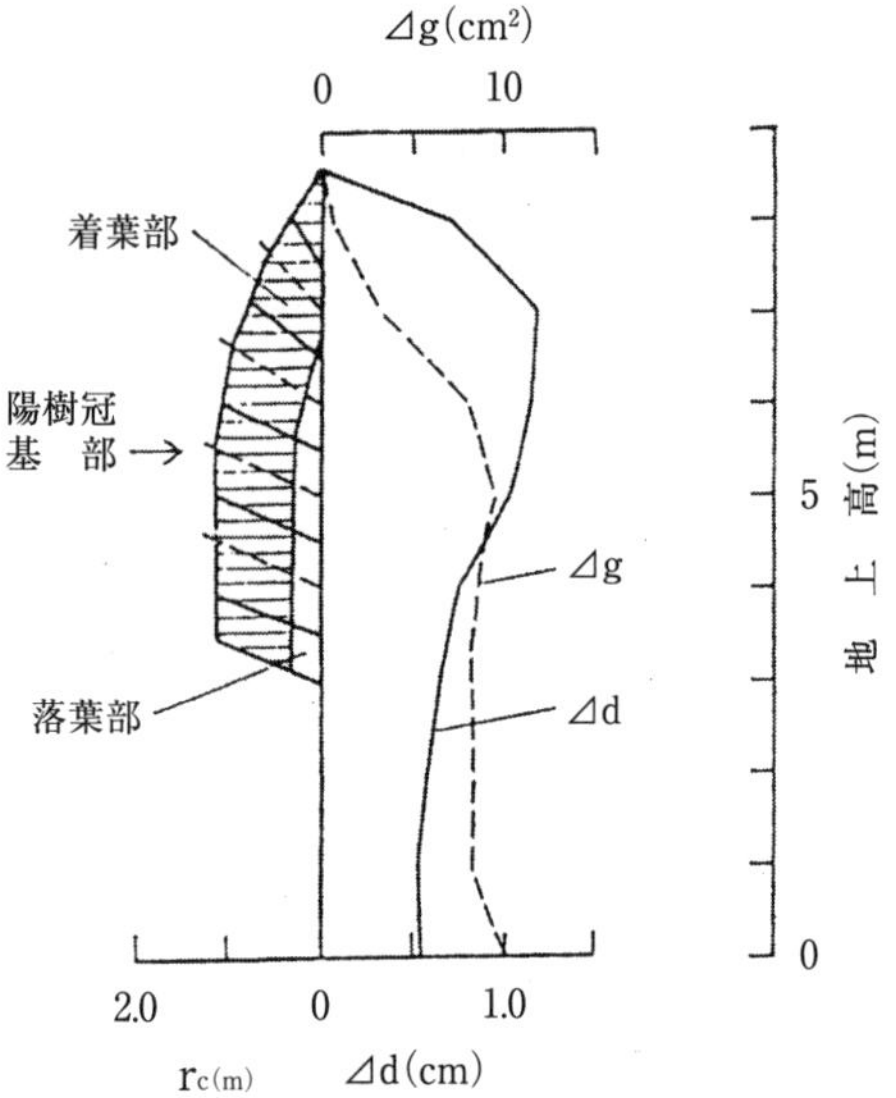

図 16　樹冠内部の着葉状態および樹冠位置と幹の肥大成長の垂直的変化との対応関係

樹冠内部の着葉状態と幹の直径および断面積の成長量の垂直的配分と対比させて調査した結果の一例を図示したものである。この調査により、幹材積成長量を支配するのは陽樹冠表面積であることを実験的に確かめた。

r_C：樹冠半径　⊿g：幹断面積成長量　d：幹直径成長量

樹冠表面積と単位陽樹冠表面積当たりの幹材積成長量の積としてまず幹材積成長量が定まり、それが樹高に応じて上記のようなパターンで垂直的に配分されて各地上高での幹断面積成長量が、さらにこれが各地上高の幹周囲の大きさに応じて配分されて幹直径成長量が定まるので、その値は梢端から下がるにつれて増加して陽樹冠基部位置あたりで最大に達し、それ以下では漸減するという垂直的変化のパターンを示すことになる。なお、幹直径成長量が最大になる位置までは指摘されていないが、幹直径成長量がこのような垂直的変化のパターンを示すことは広く認められていることである。

この筆者の考えの妥当性を検証するために、大分県玖珠のスギ皆伐林において、上述のようにして毎年の幹直径成長量の垂直的変化を推定し、それを積み重ねて得られた幹の縦断面の経年変化を、前掲の図8に示した現実のものと比較したところ、両者はかなりよく一致していた。

図8のような玖珠のスギ皆伐林における平均木の幹と樹冠の縦断面の経年変化を林齢五年ごとに求め、これより各期間の期首と期末における幹材積と陽樹冠表面積を算出した。そして、各期間の期首と期末の幹材積の差として求めた幹材積成長量を、期首と期末における陽樹冠表面積の平均値で割ることによって、単位陽樹冠表面積当たりの幹材積成長量の経年変化を算出した。その結果を、平均樹高の経年変化を介して平均樹高による変化に変換し、岐阜県今須択伐林の固定試験地での繰り返し測定結果より求めたスギのそれと比較したのが図17である。

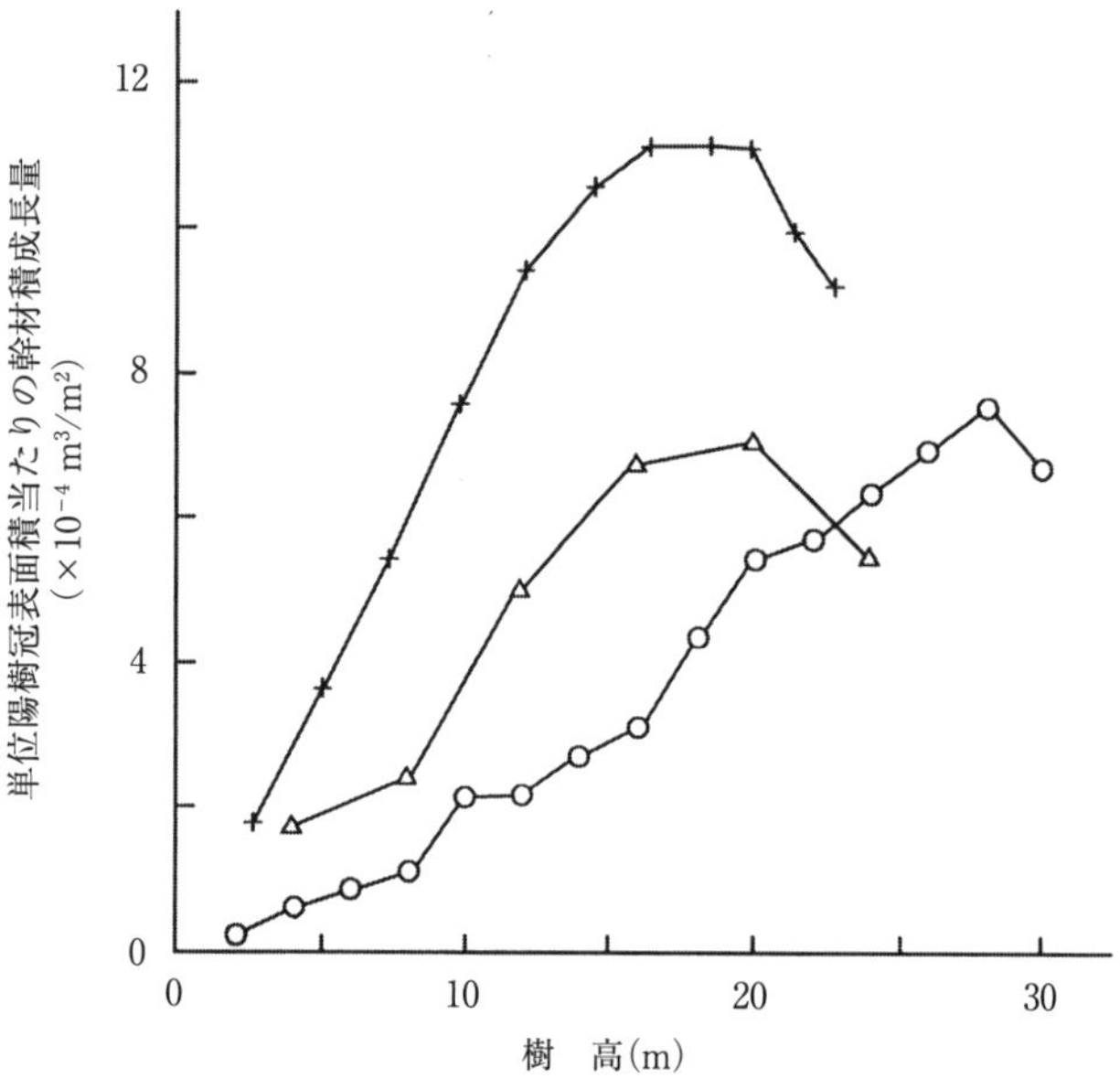

図 17　皆伐林と択伐林のスギにおける単位陽樹冠表面積当たりの幹材積成長量の比較

幹材積成長量を支配するのは陽樹冠表面積であることが分かったので、皆伐林と択伐林の立木について、単位陽樹冠表面積当たりの幹材積成長量を調査した結果を図示したのがこの図である。全体的に単位陽樹冠表面積当たりの幹材積成長量は、択伐林よりも皆伐林の方が大きくなっている。

＋：大分県玖珠の皆伐林　○：岐阜県今須の択伐林（1986～94 年）

△：岐阜県今須の択伐林（1975～86 年）

皆伐林、択伐林のいずれの立木でも、単位陽樹冠表面積当たりの幹材積成長量は樹高が大きくなるにつれて増加して最大に達した後に減少に転じるというパターンの変化を示している。そして、樹高が二〇メートル以下の立木では皆伐林よりも択伐林の立木での値がかなり小さくなっているが、樹高二〇メートル以上の立木では両者の値が接近する傾向にある。これは、樹高二〇メートル以下の択伐林の立木では、上層木の樹冠に遮られて皆伐林の立木ほど十分な陽光が受けられない状態にあるが、樹高二〇メートル以上になると両者の陽樹冠における陽光量が接近することが関係しての結果とみられる。なお、今須択伐林については、樹冠の空間占有モデルに比べて上層の樹冠量がそれほど多くはない一九七五～八六年と、かなり多い一九八六～九四年とに区分して単位陽樹冠表面積当たりの幹材積成長量を示しておいたが、中・下層木での単位陽樹冠表面積当たりの幹材積成長量は前者よりも後者の方が小さくなっている。これは、両者における陽樹冠が受ける陽光量の差に起因してのものとみられる。

幹材の形質

建築用材としては、年輪幅が小さくて均一で、幹の上部になるにつれての直径の減少度が小さくて完満度が高く、節が少なくて無節性の高いものが望ましいとされている。なお、完満度が高いと、年輪が平行して見た目がきれいになるばかりでなく、丸太を製材した場合の材積歩留まりも大きくなる。

前述した陽樹冠表面積と幹の成長との関係についての筆者の考えからすると、陽樹冠表面積と幹直径成長量との間には単位陽樹冠表面積当たりの幹材積成長量、樹高、幹周囲の違いによる多少の攪乱は生じるが、基本的に過去における陽樹冠表面積が全体的に小さかった立木ほど年輪幅は小さくて均一で、完満度と無節性は高まる、すなわち幹材の形質に関係する上記の三要素は連動して変化し、幹材の形質が全体的に向上することになる。

このことを踏まえて、密度管理状態が異なる皆伐林および皆伐林と択伐林での幹材の形質の差異を検討すると、次のようになる。

（1）密度管理状態が異なる皆伐林での差異

各木の樹冠がほぼ同じ高さに並んでいる皆伐林（図5を参照）では、立木の間隔によって樹冠の大きさが規制されるので、植栽密度と間伐を通じての密度管理によって陽樹冠表面積の大きさ、ひいては幹材の形質をコントロールすることができる。このことを利用して、皆伐林では用途に適した形質の幹材の生産が行われてきた。

例えば、奈良県吉野では植栽本数は普通の皆伐林の二～三倍と多くし、その後は間伐を頻繁に繰り返しながら、最後には普通の密度管理状態の場合とあまり違わない程度にまで立木本数を減らすという方法で、年輪幅が狭くて均一で、完満度と無節性の高い優良な形質の柱材や大径の建築用材の生産をしている。また、今はもうほとんど行われていないが、宮崎県飫肥では植栽本数を普通の半分程度と少なくし、その後も密度を低く保つことによって、完満度は低いが年輪幅が大きくて軽い和船の材料に適した弁甲材を生産していた。さらに、これはきわめて特殊であるが、京都市北山では植栽本数を普通の二倍と多くするが間伐はせず、陰樹冠は全て枝打ちによって除去するという方法で陽樹冠長をほぼ一定の長さ（私が調査した所有者の場合は三メートル）に保ちながら、年輪幅が狭く、完満度がきわめて高くて円柱に近い、表面無節で装飾性の高い床柱用の磨き丸太を生産している。

密度管理状態が異なる各地のスギ皆伐林において、幹の大小に影響されない合理的な幹材の完満度の指標として、幹の基準直径（樹高の一〇分の一の地上高の幹直径）に対する樹高の比として求めた形状比を取りあげ、その値がある程度安定する主伐時期に近い生育段階での調査結果を示すと、次のようであった。なお、ここに示した形状比の値は、一般に用いられている胸高直径に対する樹高の形状比とは数値的にも区別できるようにするために、同じ単位で測定した実寸における形状比の一〇〇分の一の値にしてある。例えば基準直径が一〇センチメートルで樹高が一〇メートルの立木であれば、ここでの形状比の値は一〇〇ではなくて一・〇〇となる。

京都市北山（超高密度）一・一三　　奈良県吉野（高密度）〇・八〇

大分県玖珠（中密度）〇・七八　宮崎県飫肥（低密度）〇・五二

上述のように幹材の年輪幅、完満度、無節性は連動して変化するのであるから、ここに示した形状比が大きくて完満度の高いものほど年輪幅は小さくて無節性は高くなり、全体的に形質の良い材になるということで、これは経験的な一般の認識と合致している。

（2）皆伐林と択伐林での差異

普通の密度管理状態の皆伐林と択伐林のスギについて、図18は幹の内外すなわち幹直径による年輪幅の変化を、図19は前述した完成度の指標である形状比の樹高による変化を比較したものである。そして、図19には皆伐林としては高い密度管理状態にある奈良県吉野のスギでの形状比の樹高による変化も併記しておいた。

まず、普通の密度管理状態の皆伐林と択伐林での差異であるが、幹の下部直径が二〇センチメートル、樹高が一五メートルあたりを境に、両者における年輪幅と形状比の大小関係が逆転していて、それ以下では皆伐林よりも択伐林での幹材の方が年輪幅は狭く、形状比は大きくて完満度が高いが、それ以上の大きな材ではそれが逆転している。この年輪幅と形状比が逆転する位置の幹の下部直径と樹高の大きさからすると、芯持ちの垂木や柱の用材に適した大きさの幹材での形質は、皆伐林よりも択伐林の材の方が優れているが、それ以上の大きさの材での形質は逆転する

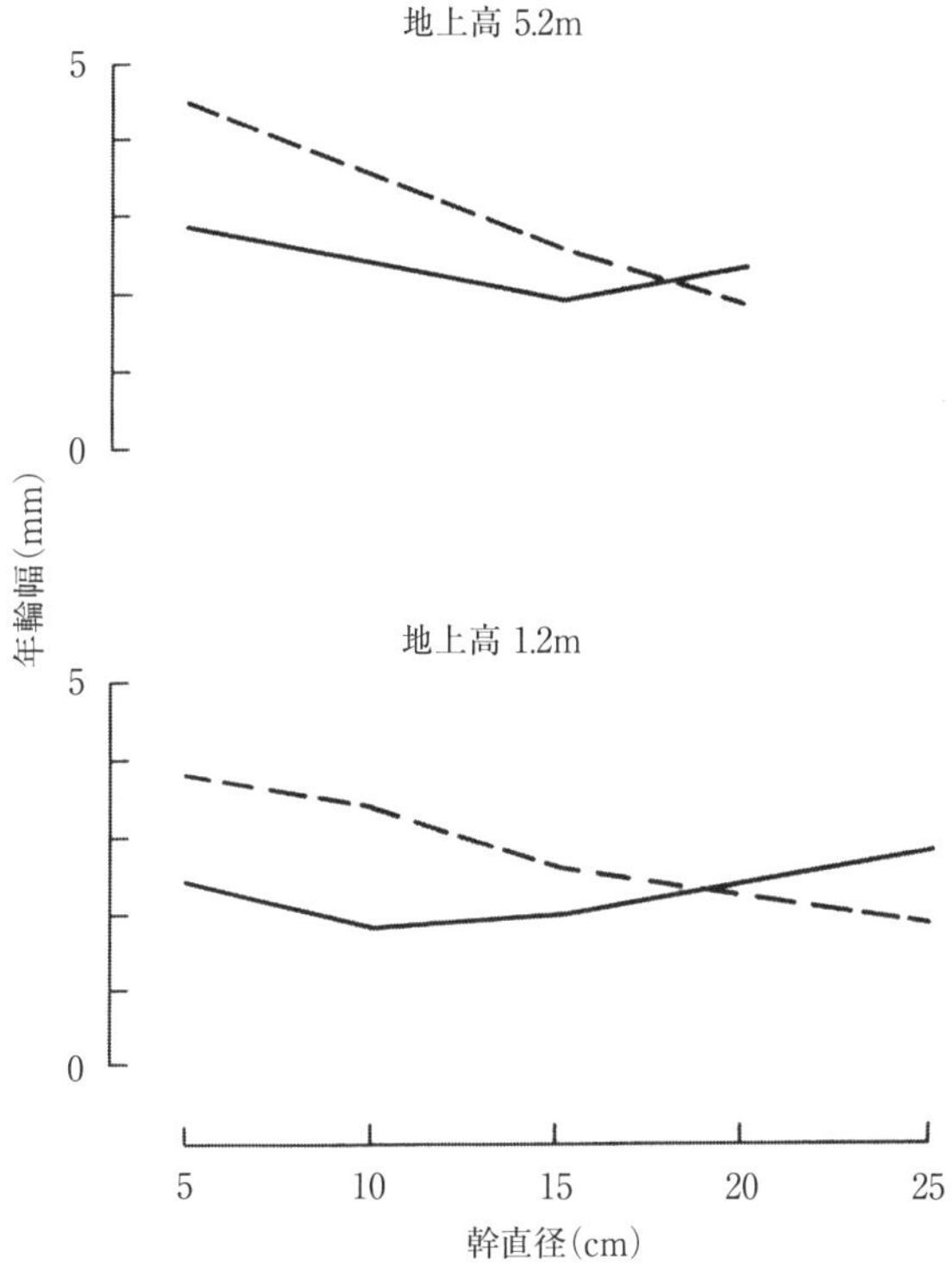

図 18　普通の密度管理状態の皆伐林と択伐林のスギにおける年輪幅の比較
皆伐林と択伐林の立木における幹の内部から外部にかけての年輪幅の変化を、地上 1.2 メートルと 5.2 メートルの位置で調査した結果を図示したものである。
破線：京都府大野の皆伐林（中密度）　実線：岐阜県今須の択伐林

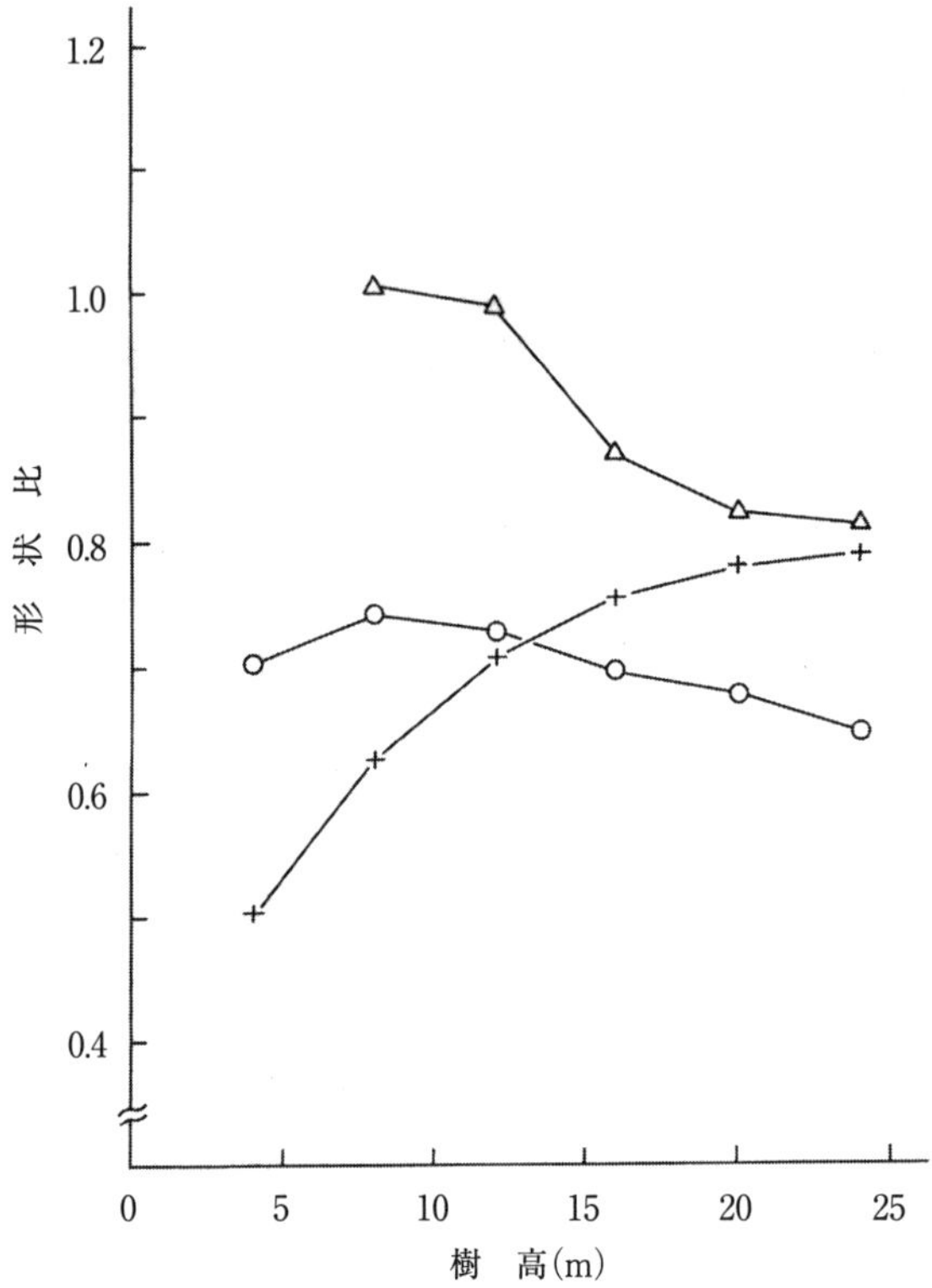

図 19　密度管理状態が異なる皆伐林と択伐林のスギにおける幹材の完満度の比較

幹の完満度の指標である形状比を、皆伐林と択伐林の立木について調査した結果を図示したものである。形状比が大きいほど完満度が高いということである。

△：奈良県吉野の皆伐林（高密度）　＋：大分県玖珠の皆伐林（中密度）

○：岐阜県今須の択伐林

状態にある。なお、樹高が一五メートルまでは両者の陽樹冠表面積はほぼ同じである（図10を参照）にもかかわらず、このように両者における年輪幅と完満度の差異を生じたのは、単位陽樹冠表面積当たりの幹材積成長量が皆伐林よりも択伐林の方が小さい（図17を参照）ためとみられる。

ただし、上述のように皆伐林での幹材の形質は密度管理状態によって大きく異なるために、高い密度管理で知られた奈良県吉野の皆伐林での形状比は、図19が示すようにいずれの樹高でも普通の密度管理状態の皆伐林よりはもちろん、択伐林よりも大きくなっている。これは、幹材の形状比との連動性からして、年輪幅の小ささと均一性や無節性も択伐林を上回って、幹材の形質全体が択伐林に優ることを示唆している。

以上の結果からすると、皆伐林での幹材の形質は密度管理状態によって大きく変化するだけに、皆伐林と択伐林における幹材の形質の優劣は、一概には決められないということである。

幹材積生産量

幹材積生産量を年間の平均幹材積成長量で表し、これの大小によって皆伐林と樹冠の空間占有モデルのようなヨーロッパ方式の択伐林での幹材積生産量の優劣を比較するが、それに先立って両者の幹材積生産量の経年変化の差異について述べておく。

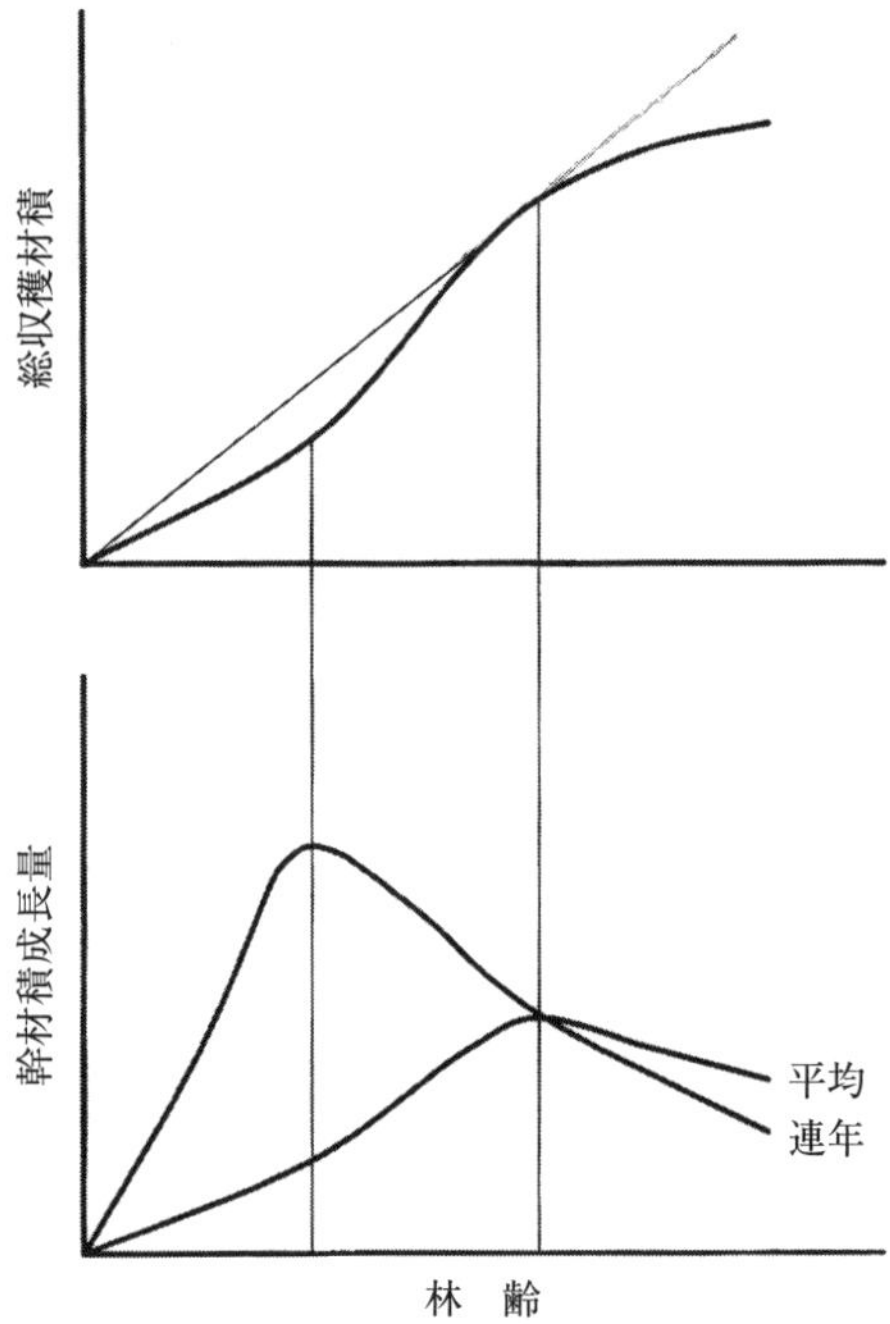

図 20　皆伐林における総収穫材積と幹材積の連年成長量および平均成長量の関係と経年変化
皆伐林における各種の幹材積成長量の経年変化を示す模式図。

皆伐林での幹材積生産量は、主伐時に現存する立木の幹材積合計ではなく、これに過去の間伐収穫の累積値を加えた総収穫材積で評価すべきである。総収穫材積は毎年の幹材積成長量である連年幹材積成長量の積み重ねとして与えられ、これを主伐時の林齢で割ったものが年間の平均幹材積成長量となる。幹材積の連年成長量と平均成長量は、ともに当初増加して最大に達した後に減少するという経年変化を示すが、最大とな

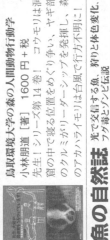

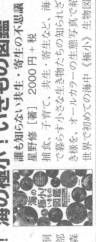

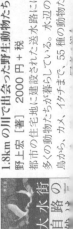

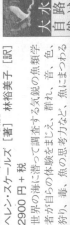

《宇宙と地球科学の本》

月の科学と人間の歴史

ラスコー洞窟、知的生命体の発見騒動から火星行きの基地化まで

D･ホワイトハウス［著］　西田美緒子［訳］

3400 円 + 税

先史時代から現代、神話から科学研究まで、人間と月との関係を描いた異色の月大全。

第6の大絶滅は起こるのか

生物大絶滅の科学と人類の未来

P・ブラネン［著］西田美緒子［訳］

3200 円 + 税

地質学・古生物学・宇宙学・地球物理学などの科学者に直接会い、現地調査に加わり、大量絶滅時の地球環境の変化を描く。

《人間と自然を考える本》

人の暮らしを変えた植物の化学戦略

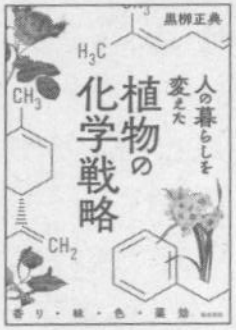

香り・味・色・薬効

黒柳正典［著］　2400 円 + 税

人間が有史以前から利用してきた植物由来の化学物質。香り、味、色、薬効など植物の恵みを、化学の視点で解き明かす。

英国貴族、領地を野生に戻す

野生動物の復活と自然の大遷移

イザベラ・トゥリー［著］　三木直子［訳］

2700 円 + 税

中世から名が残る美しい南イングランドの農地 1400ha を再野生化する様子を、驚きとともに農場主の妻が描いたノンフィクション。

日本列島の自然と日本人

西野順也［著］　1800 円 + 税

万葉集に登場する草花、戦や築城による森林破壊、江戸時代の園芸ブーム、信仰と自然のつながりが息づく年中行事……。日本人の自然観はどのように育まれてきたの

草地と日本人［増補版］

縄文人からつづく草地利用と生態系

須賀丈＋岡本透＋丑丸敦史［著］

2400 円 + 税

半自然草地は生態系にとって、なぜ重要なのか、草地研究の第一人者が明らかに

る林齢は前者が後者よりも早い。これらの原則的な関係を模式図で示したのが図20で、幹材積の平均成長量が最大の林齢で主伐を繰り返せば、幹材積生産量が最大に保てることになるので、この林齢が主伐時期の目安とされてきた。

皆伐林については、生育環境や密度管理状態が異なる各地域の樹種ごとに、正常な成長を示している多数の林分での測定結果に基づいて、土地の生産能力が異なる地位別（Ⅰ等地、Ⅱ等地、Ⅲ等地）に、幹の諸要素の経年変化を示す収穫表（例えば、早尾丑磨編『日本主要樹種林分収穫表』一九七一年、林業経済研究所）が作成されていて、その表から年間の平均幹材積成長量の経年変化とともに、それが最大となる林齢を知ることができる。スギ、ヒノキの皆伐林で年間の平均幹材積成長量が最大となるのはほぼ林齢四〇～五〇年で、この林齢から主伐時期が遅れるほど年間の平均幹材積成長量は減少することになる。

他方、樹冠の空間占有モデルのような状態に達した択伐林では、その胸高直径分布を維持するように各胸高直径の立木にわたって択伐が行われるのが普通で、その場合には樹冠量がほぼ経年変化しないとみられることを前述したが、これは陽樹冠表面積合計ひいてはこれに支配される連年幹材積成長量についてもいえることである。連年幹材積成長量に経年変化がなければ年間の平均幹材積成長量にも経年変化はなくて、幹材積生産量はほぼ一定の値で推移することになる。

したがって、択伐林での幹材積生産量が皆伐林での年間の平均幹材積成長量すなわち幹材積生産量の最大値を上回っていれば、択伐林の幹材積生産量は、皆伐林の主伐時期には関係なく、常に皆伐林に優ることになる。

このような見地からみた、後継樹の天然更新によって樹冠の空間占有モデルのような択伐林の造成を目指している高知県魚梁瀬のスギ択伐林における幹材積生産量の測定結果と、特定のモデルのような樹冠の空間占有状態を目指しているわけではないが、後継樹を植栽によっている岐阜県今須のスギ・ヒノキ樹冠の空間占有モデルのような択伐林における幹材積生産量の推定結果を示すと、次のようになる。

◎高知県魚梁瀬のスギ択伐林での測定結果

高知県魚梁瀬のスギ天然林に、樹冠の空間占有モデルのような択伐林施業を事業的に導入するための準備として、高知営林局（現、四国森林管理局）は樹冠の空間占有モデルに基づく胸高直径分布モデルを用意し、一九二五年に千本山と小屋敷山に天然更新試験地を、一九二七年に和田山択伐実験林を設定して実験を進めているが、これらでの一〇〇年ほどにおける成果は次のようになっている。

千本山天然更新試験地では、設定時から林冠が連続層をなしていて、全体的に樹冠の空間占有状態、胸高直径分布ともにモデルに近い状態が保たれており、スギを中心とする針葉樹の一ヘク

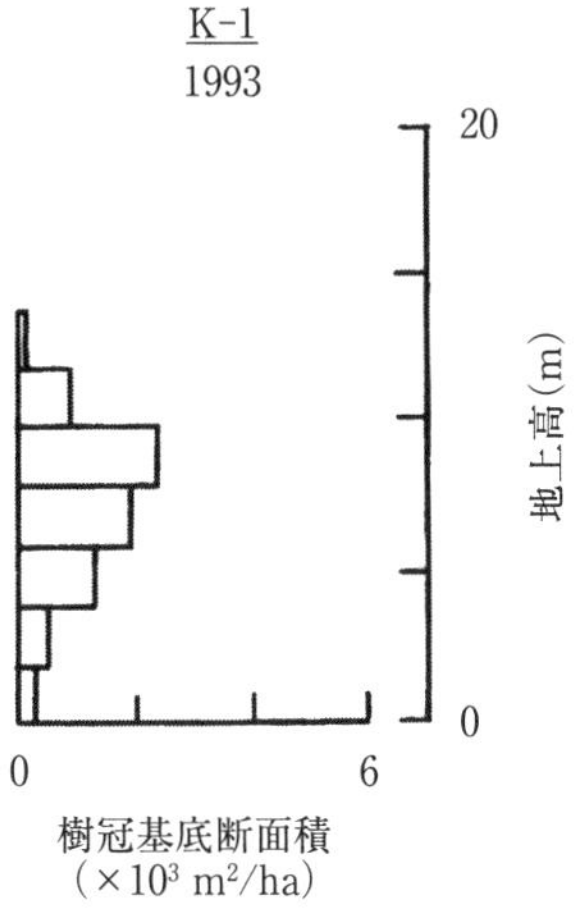

図 21　高知県魚梁瀬のスギ・ヒノキ択伐林における樹冠基底断面積合計の垂直的配分

高知県魚梁瀬の和田山択伐実験林での樹冠基底断面積合計の垂直的配分に関する最近の調査結果を図示したもので、約 100 年を経過した時点でも垂直的配分は目指す一様の状態にはなっていない。

　上部の記号は暫定調査地名、数字は測定年

タール当たりの年間の平均幹材積成長量は一貫して一二〜一三立方メートルとなっている。この値は、モデルでの予測値一一・八立方メートルとも、土佐地方のスギ皆伐林の収穫表の平均的な地位（地位Ⅱ等地）における林齢四〇〜四五年での年間の平均幹材積成長量の最大値、一二・三立方メートルともほぼ同じである。

　しかし、当初から胸高直径の大きな立木は揃っているが、四〇センチメートル以下の中・小径木はかなり少ない状態が続いている小屋敷山天然更新試験地と和田山択伐実験林では、年間の平均幹材積成長量は五〜六立方メートルで、胸高直径分布や樹冠の空間占有状態はモデルのような状態には到達できないままである。ちなみに、筆者たちが一九九三年に和田山択伐実験林で調査した結果によると、樹冠基底断面積合計の垂直的配分は図21のようであった。これらの結果についての筆者の見解は、本章5節「施業実施の難易」の項で述べる。

◎岐阜県今須のスギ・ヒノキ択伐林における幹材積生産量の推定結果

岐阜県今須では、江戸時代の末期から明治時代の初期に、後継樹の植栽によるスギ・ヒノキの択伐林が始められた。

この択伐林では、前述のようにどの固定試験地でも樹冠の空間占有状態がモデルのような状態に保たれていないので、固定試験地での調査結果をそのままモデルでの年間の平均幹材積成長量すなわち幹材積生産量とみることはできない。そこで、これを次のように推定した。

まず、固定試験地での繰り返し測定結果から得られた各立木での幹材積成長量について、同じ胸高直径のスギとヒノキの樹種間における平均値の差異の有無を統計学の手法で検定したところ有意差は認められなかったので、胸高直径と両樹種込みの平均幹材積成長量との帰納的な関係を求めた。そして、この帰納的な関係を、表1の胸高直径分布モデル（小径木については修正本数を使用）に持ち込んで、一ヘクタール当たりの年間の平均幹材積成長量を推定すると、最高の樹冠基部高の差異には関係なく、いずれの胸高直径分布モデルでもほぼ一五立方メートルとなった。ここで用いた胸高直径と平均幹材積成長量の関係が樹冠の空間占有モデルのような択伐林で得られたものであれば、この算出値がそのまま樹冠の空間占有モデルにおける正しい年間の平均幹材積成長量となる。しかし、前述したように現実の森林は樹冠の空間占有モデルよりも上層の樹冠量がかなり多い状態で、このような状態の下では中・下層木の単位陽樹冠表面積当たり幹材積成長量はモデル林分よりも全体的に小さくなる（図17を参照）ので、ここで算出した幹材積成長量は過小評価されているとみられる。

次に、一ヘクタール当たりの陽樹冠表面積合計が、平均して四万七〇〇〇平方メートルと樹冠の空間占有モデルでの値三万三〇〇〇平方メートルよりも全体的にかなり多い固定試験地での繰り返し測定結果より、一ヘクタール当たりの年間の平均幹材積成長量を算出すると、試験地や測定期間によって多少異なるが、平均して一八立方メートルとなった。幹材積成長量を支配する陽樹冠表面積合計の差異を考えると、この固定試験地における平均幹材積成長量の算出値は、モデルよりも過大になっているとみられる。

以上の二つの算出値より、樹冠の空間占有モデルのような岐阜県今須のスギ・ヒノキ択伐林における年間の平均幹材積成長量は両者の中間にあって、最高の樹冠基部高には関係なく平均して一六～一七立方メートルと見込んだ。

表2　岐阜県今須のスギ・ヒノキ択伐林における最高の樹冠基部高別の林分材積とその成長量および成長率

最高の樹冠基部高(m)	15	16	17	18	19	20
林分材積(m^3/ha)	263	299	332	372	420	461
林分材積成長量(m^3/ha)	16〜17	16〜17	16〜17	16〜17	16〜17	16〜17
林分材積成長率(%)	6.3	5.5	5.0	4.4	3.9	3.6

成長率は、成長量の中央値16.5m^3/haを用いて算出。

今須のスギ・ヒノキ択伐林はスギの地位Ⅰ等地にあるので、愛知・岐阜地方のスギ皆伐林の収穫表における地位Ⅰ等地の年間の平均幹材積成長量の最大値を求めると、林齢四〇年で一六・三立方メートルとなっており、これは上記の樹冠の空間占有モデルのような択伐林での年間の平均幹材積成長量の見込み値一六〜一七立方メートルとほぼ同じである。

以上のように、魚梁瀬のスギ択伐林と今須のスギ・ヒノキ択伐林のいずれでも、樹冠の空間占有モデルのような択伐林での年間の平均幹材積成長量は、皆伐林での年間の平均幹材積成長量の最大値とほぼ同じになっている。すなわち、択伐林での幹材積生産量は、皆伐林の幹材積生産量が最大の林齢で伐採した時以外では常に皆伐林よりも多くなっていて、皆伐林に優るとも劣らないということである。

なお、陽樹冠表面積合計は皆伐林の樹冠閉鎖時以外では一貫して択伐林の方が多いことを前述したが、その格差の割に年間の平均幹材積成長量での差異が意外に小さくなっているのは、択伐林での単位陽樹冠表面積当たりの幹材積成長量が皆伐林よりも全体的に小さいこと（図17を参照）にあるとみられる。

表3　愛知・岐阜地方のスギ皆伐林における林齢別の林分材積とその成長量および成長率の経年変化

林　齢(年)	20	30	40	50	60	70	80
林分材積(m^3/ha)	212	387	515	609	682	739	781
林分材積成長量(m^3/ha)	23	21	16	13	10	7	5
林分材積成長率(年)	10.8	5.4	3.1	2.1	1.5	0.9	0.6

早尾丑麿編『日本主要樹種林分収穫表』(1971年、林業経済研究所)より引用。

因みに、表1の最高の樹冠基部高が異なる六つの胸高直径分布モデルに、固定試験地での測定結果から得たスギ、ヒノキ共通の胸高直径と幹材積の平均的な関係を持ち込んで林分材積を算出し、上記の各モデル共通の年間の林分材積成長量一六〜一七立方メートルの林分材積に対する百分率として林分材積成長率を算出した結果を列記すると、表2のようになる。これに対して、愛知・岐阜地方のスギ皆伐林の収穫表における地位I等地の林齢別の一ヘクタール当たりの林分材積、林分材積成長量とその成長率を列記すると、表3のようになる。両者を比べると、皆伐林と択伐林における幹材積生産量に関する特徴的な相違点が表れている。すなわち、全体的に皆伐林に比べて択伐林の林分材積は少ないが、林分材積の成長量と成長率はともに皆伐林よりも多い状態にあり、単位幹材積当たりの幹材積生産効率は皆伐林よりも択伐林の方が高いということである。

樹冠の空間占有状態は不明であるが、照査法ないしはそれに準じた択伐林施業が行われている北海道のトドマツ・エゾマツなどの置戸照査法試験林、青森のヒバ択伐試験地、ヨーロッパのモミ・トウヒ択伐試験地での年間の平均幹材積成長量の測定結果を整理すると、その値は当該地方の各樹種における皆伐林の収穫表に示された平均的な地位（地位Ⅱ等地）での年間の平均幹材積成長量の最大値とほぼ同じであった。これは、照査法による択伐林での幹材積生産量が皆伐林での幹材積生産量に優るとも劣らない状態であることを示すと同時に、樹冠の空間占有モデルでの幹材積生産量が照査法による択伐林でのそれとほぼ合致していることを示唆するものと受け取れる。

わが国には、恣意的で粗放な択伐を行っている天然林やナスビ伐り方式の択伐林が多く、これらの択伐林における林木の生育空間の利用度、ひいては陽樹冠表面積合計と幹材積生産量は樹冠の空間占有モデルのような択伐林に劣るとみられる。そのため、択伐林の幹材積生産量は皆伐林での最大値よりも少ないことを見聞し、そういう観念を持っている人が多いと思われるが、上記の例が示すように、照査法が目指した樹冠の空間占有モデルのような択伐林での幹材積生産量は、皆伐林に優るとも劣らないということは銘記すべきである。なお、二段林における生育空間の利用度は樹冠の空間占有モデルのような択伐林よりも低く、幹材積生産量は少ないとみられる。このように考えると、樹冠の空間占有モデルのような択伐林での幹材積生産量は、各種の森林の中で最高であろうと筆者は推測している。

以上の木材生産機能に関する比較検討結果からすると、皆伐林での幹材の形質は密度管理状態によって大きく変わるので、その択伐林との優劣は一概には決められないが、樹冠の空間占有モデルのような択伐林で生産された垂木や柱材の形質は普通の密度管理状態の皆伐林に優り、幹材積生産量は皆伐林に優るとも劣らないということである。

なお、樹冠と幹の成長との関係、幹材の形質、幹材積生産量についての調査結果の詳細は、参考文献（9～11）を参照されたい。

4　環境保全機能の優劣

森林の環境保全機能は多岐にわたり、森林自体が持っているものだけでなく、森林と人間の心の関わりから生じる精神的・心理的なものもある。ここでは、水土保全、生活環境保全、景観の維持、野生動植物の保護、地球の温暖化防止という五つの機能を取り上げる。前の三者は古くから知られていたが、後の二者は最近注目されるようになった機能である。

皆伐林と択伐林における各種の環境保全機能の優劣を比較検討するに先立って、まず指摘しておかねばならない重要なことがある。それは、環境保全機能は樹冠の空間占有状態および量に依存するところが大きいとみられるが、常に多量の樹冠が存在する択伐林とは違って、皆伐林には一時的にではあるが樹冠が皆無となり、全ての環境保全機能が消滅するという宿命的な機能発揮上の大きな欠点があることである。環境保全機能を重視すべき保安林では、原則として皆伐は禁止で択伐が許されている根拠はここにある。

環境保全機能に関する皆伐林の宿命的な欠点はさておき、環境保全機能発揮のメカニズムは機能の種類によって異なり、それぞれの機能に適した樹冠の空間占有状態および量、さらには構成樹種もある。そこで、多くの先達の調査・研究の成果も参考にしながら、樹冠の空間占有状態および量や構成樹種を考慮した皆伐林と択伐林における各種の環境保全機能の優劣を、筆者なりに比較検討すると次のようになる。

水土保全

水土保全の機能には水源涵養（洪水・渇水の緩和）、水質良化、土壌の浸食・流出防止、山地の崩壊防止といったものが含まれる。

山岳林がほとんどを占め、台風による集中的な豪雨が多いわが国ではとくに重要視されている機能で、保安林の九割が水土保全のための森林とされている。

機能発揮のメカニズムと、皆伐林と択伐林での優劣について述べる。

（1）機能発揮のメカニズム

水土保全の機能は、降水の移動および土壌・根系の状態と密接な関係があるとされている。降水は、そのまま林地に到達するものと樹冠によって遮断されるものとに分かれ、樹冠によって遮断されたものは、さらに樹冠から蒸発するものと雫となって林地に落ちるものとに分かれる。そして、林地に達した降水は、林地から蒸発するもの、地表を流れ下る地表流、地中に浸透する浸透水の三つに分かれる。森林では地表に植生や落下した枝葉などの障害物があるので、よほどの大雨でも降らない限り地表流が起こることはまずなく、地表流による土壌の浸食や流出は防止されるのが普通である。土壌の構造が発達して大小の孔隙がある森林の土壌では、林地に達した降水のほとんどが浸透水となって地中に浸透し、土壌中を移動することによってきれいな水となって河川に流出するという経過をたどる。このため、森林があれば降水がいっきに河川に流出することはなくて洪水が防げるとともに、地中への浸透水はゆっくり時間をかけて流出することになるので、しばらく雨が降らなくても河川の水が涸れることはないという水源涵養機能が発揮できることになる。

そして、根が侵入している表層に限られるが、地中の根は土壌の移動を抑えて山地の崩壊を防止する働きをする。その効果は、大きさの異なる多くの根が偏りなく深くまで張りめぐらされているほど高いとみられる。

なお、樹木はかなり多量の水を地中の根から吸い上げて葉から蒸散するため、これに樹冠からの蒸発を加えると、森林が存在することによって降水の四〇～五〇パーセントが大気中に蒸発散され、その分だけ河川に流下する水の量は減るという。このような流下水量の減少よりも、森林の存在によって生じる水土保全機能の方が、現実には重要であるということである。

(2) 皆伐林と択伐林での優劣

これまでの調査・研究結果からすると、水土保全機能については次のようなことが指摘されている。

土壌への水の浸透性は、同じ針葉樹の樹冠閉鎖後の皆伐林と天然林とではあまり差がないが、落葉落枝の分解が順調で、孔隙が多くて保水力の高い団粒構造の土壌が発達しやすい広葉樹林の方が、針葉樹林よりも高いとされている。これよりすると、水の浸透性の高さは皆伐林と択伐林といった林型の違いではなくて、広葉樹が混交しているかどうかによって左右されるところが大きいとみられる。

スギ、ヒノキなどの皆伐林で、広葉樹を混交させることには無理がある。ただ、下層に広葉樹を自生させることによって水土保全機能の向上を図ることは考えられるが、そのためには樹冠量を普通よりも少なくして林内の陽光量を一定以上に保つことが必要で、それによって陽樹冠表面

郵 便 は が き

料金受取人払郵便

晴海局承認

8043

差出有効期間
2021年 9月
1日まで

104 8782

905

東京都中央区築地7-4-4-201

築地書館 読書カード係 行

お名前	年齢	性別 男・女
ご住所 〒		
電話番号		
ご職業（お勤め先）		

購入申込書 このはがきは、当社書籍の注文書としてもお使いいただけます。

ご注文される書名	冊数

ご指定書店名　ご自宅への直送（発送料300円）をご希望の方は記入しないでください。

tel

読者カード

ご愛読ありがとうございます。本カードを小社の企画の参考にさせていただきたく存じます。ご感想は、匿名にて公表させていただく場合がございます。また、小社より新刊案内などを送らせていただくことがあります。個人情報につきましては、適切に管理し第三者への提供はいたしません。ご協力ありがとうございました。

ご購入された書籍をご記入ください。

本書を何で最初にお知りになりましたか？
□書店　□新聞・雑誌（　　　）□テレビ・ラジオ（　　　）
□インターネットの検索で（　　　）□人から（口コミ・ネット）
□（　　　）の書評を読んで　□その他（　　　）

ご購入の動機（複数回答可）
□テーマに関心があった　□内容、構成が良さそうだった
□著者　□表紙が気に入った　□その他（　　　）

今、いちばん関心のあることを教えてください。

最近、購入された書籍を教えてください。

本書のご感想、読みたいテーマ、今後の出版物へのご希望など

□総合図書目録（無料）の送付を希望する方はチェックして下さい。
＊新刊情報などが届くメールマガジンの申し込みは小社ホームページ（http://www.tsukiji-shokan.co.jp）にて

積合計、ひいては幹材積成長量の減少を伴うことになるとみられる。これに対して、択伐林では広葉樹を混交させることは容易で、しかも意識して広葉樹の混交を図らなくても、下層にはスギ、ヒノキの後継樹とともに広葉樹が自生しているのが普通であるので、これだけでも広葉樹混交の効果はかなり発揮できる。

また、立木が地中に根を張る範囲は樹冠の拡張範囲とほぼ同じであるとされていることからすると、ほぼ同じ大きさの樹冠が互いにある程度の間隔を保って並んでいて、樹冠で被覆されていない林地がかなりある皆伐林（図5を参照）よりも、樹冠で被覆されていない若干の林地はあるものの、大小の樹冠が上下に重なる状態でほとんど隙間なく並んでいる択伐林（図9を参照）の方が、山地崩壊防止の効果の高い根の張り方をしている。

以上のことからすると、水土保全機能は一般に択伐林の方が皆伐林よりも優れているとみられる。

生活環境保全

生活環境保全の機能としては、気候の緩和、大気汚染物質の吸収、塵埃の吸着、防音、防風、防火、防霧、飛砂防止、潮害防止、干害防止、水害防止、吹雪防止、雪崩防止、落石防止といった機能がある。

これらの機能については、構成樹種の適性もあれば、樹木の生理的な働きと物理的な働きといった区分も考えられるので、これらについて検討した後に皆伐林と択伐林における優劣を比較する。

（１）構成樹種の適性

全般的に、常に着葉している常緑樹が落葉樹よりも適しているとか、林木の高さを必要とする場合には広葉樹よりも針葉樹が望ましいといったことがいえよう。また、耐風性は広葉樹が針葉樹よりも高い、潮風にはクロマツが最も強くてアカマツがこれに次ぐが、スギ・ヒノキは弱い、雪害にヒノキは強いがスギは弱い、耐凍性はアカマツよりもスギ・ヒノキが劣る、水害にはタケが、防火にはサンゴジュが強いといったことが指摘されている。

したがって、目的とする機能の種類によって、適性のある樹種の使い分けをすることが必要となる。

（２）生理的な働きと物理的な働きを左右する樹冠量

生活環境保全の機能は、気候の緩和・大気汚染物質の吸収・塵埃の吸着といった林木の生理的な働きによるものと、それら以外の天然や自然の現象に伴う災害を阻止する林木の物理的な働きによるものとに類別できる。そこで、これら二つの働きを左右する樹冠量について考えると、次のようになる。

樹冠は日射や熱を吸収して蒸散を行うので、森林内やその周辺には気温差が少なくて湿度の若干高い独特の空間ができる。これが気候緩和の効果で、樹高が高くて樹冠量の多い森林ほど効果が高いとされている。また、汚染物質の吸収や塵埃の吸着といった大気浄化の効果が期待できるのは、一定の広がりを持つ密な森林の内部に限られ、この効果も樹冠量によって左右されるとされている。

これらの場合における樹冠量が何を指すのか定かにされていないが、基本的に林木の生理的な働きを左右するのは葉量である。前述したように樹冠内部には着葉部と落葉部があり、着葉部の厚さは樹冠の大きさに関係なく、樹種によってほぼ一定しているので、着葉部体積は樹冠表面積にほぼ比例する状態となる。このような樹冠内部の着葉状態（図16を参照）からすると、着葉部体積ひいては葉量の指標としては樹冠の体積よりも表面積の方が適していると判断される。したがって、樹木の生理的な働きは、樹冠表面積合計の大きさによって判断するのが妥当で、樹冠表面積合計が多いほど樹冠の生理的な機能は大きくなるとみられる。

他方、林木の物理的な働きを左右するのは、立体としての樹冠の空間占有体積すなわち樹冠体積合計で、これが多いほど樹冠の物理的な働きは大きくなるとみられる。

（3）皆伐林と択伐林での優劣

上述の考え方に基づいて、樹木の生理的な働きと物理的な働きに分けて、皆伐林と樹冠の空間占有モデルのような択伐林での優劣を比較検討すると、次のようになる。

前述したように、皆伐林の陽樹冠の表面積合計は林齢一〇年の樹冠閉鎖時では択伐林とほぼ同じであるが、それ以前と以降では皆伐林よりも択伐林の方が多い。しかし、陰樹冠の表面積合計は、皆伐林の樹冠が閉鎖する林齢一〇年あたりまでは皆伐林よりも択伐林の方が多いが、その後まもなく皆伐林の方が多くなって、全樹冠の表面積合計も択伐林よりも皆伐林の方が多くなる。このような陽樹冠と陰樹冠および全樹冠の表面積合計の大小関係と、生理的な活動は陽樹冠の方が陰樹冠よりも盛んであることとを考え合わせると、択伐林における林木の生理的な働きは、林齢一〇年あたりまでは皆伐林に優るが、それ以降では皆伐林とあまり変わらないか、若干優る程度とみられる。

他方、物理的な働きには陽樹冠と陰樹冠による違いはなく、これを左右するのは全樹冠の体積合計であるとみられるが、前述したように林齢六〇年近くではほとんど変わらなくなるが、それ以前では択伐林の方が皆伐林よりも多い。それと、物理的な働きの効果は樹冠が一定の層に集中している皆伐林よりも、樹冠が垂直的に広く分布している択伐林の方が大きくなるとみられることとを考え合わせると、択伐林の物理的な働きは、林齢六〇年以下の皆伐林よりも優れていることになる。

以上のことからすると、生活環境保全についてはまず各機能に適した樹種の選択が肝要で、その生理的な働きと物理的な働きを合わせた生活環境保全機能は、樹冠の空間占有モデルのような択伐林の方が皆伐林よりも高いとみられる。

なお、これはスギ、ヒノキの皆伐林と樹冠の空間占有モデルのような択伐林における樹冠量とその垂直的配分の状態に基づく判断であるが、構成樹種は違っても、樹冠の表面積合計や体積合計の大小関係とその垂直的配分の状態は基本的には変わらないので、この判断は広く通用しよう。

景観の維持

人間の心に安らぎと憩いを与える森林の景観としての効果を、風致効果と呼んでいる。森林の風致効果を左右するのは、主に森林を構成する樹種とその樹冠の形態、構成などである。そして、全山がサクラの花や紅葉で彩られる景観も美しいが、緑の中にサクラの花や紅葉が点在する眺めも、これに劣らず捨てがたいものである。

皆伐林と択伐林がもたらす風致効果の優劣と、京都市周辺における風致林施業について述べる。

（1）皆伐林と択伐林での優劣

国立公園の特別地域などにおける天然林の景観が高く評価される一方で、奈良県吉野や京都市北山のような皆伐林の景観もまた格別のものである。さらに、春のサクラの花と新緑、夏の深緑、秋の紅葉、冬の雪景色といった四季による変化も、日本ならではのものである。

森林の景観に対する好みには国民性による違いがみられ、日本人はどちらかといえば雑然とした天然林よりも、立木が整然と林立する皆伐林の景観を好むことが指摘されている。一九八七年に京都市の西端に位置する京都府立大学の大枝演習林内に「洛西散策の森」が設けられたのを機会に、来訪者を対象に散策道沿いにある森林の好みをアンケート調査したことがあるが、その結果でも天然林よりもある程度の林齢に達したスギ、ヒノキの皆伐林を好む人が多かった。これらより、どちらかといえば天然林に近い択伐林の景観は日本人好みではないかもしれない。しかし、森林の風致効果の評価は個人の主観によっても異なるので、一概に皆伐林と択伐林の風致効果に優劣はつけがたい。

ただし、択伐林には皆伐林にはないメリットがある。それは、美しい花を咲かせたり紅葉したりする樹種の混交が可能で、それによって風致効果の向上が期待できるということである。この点では、一般に択伐林の方が皆伐林よりも優位にあるとみられる。もっとも、択伐林だからといってどんな樹種でも混交が容易に許されるわけではない。これについては、次の実例で述べる。

（2）京都市周辺における風致林施業

風致林施業で思い起こされるのが、京都市嵐山の風致林である。この風致林は天然のものではなく、山と川が形づくる地形的な景勝地に、足利尊氏が一四世紀に天龍寺の借景として奈良県吉野山からサクラを移植したのが始まりとされている。常緑のアカマツと春はサクラの花、秋はカエデの紅葉とのコントラストの美しさで知られた天下の名勝であるが、山中のアカマツ、サクラ、カエデの減少が長年の懸案となっている。いろいろな対策が講じられてきたようであるが、その努力が実を結ばずにアカマツ、サクラ、カエデは減少の一途をたどっているのが現状である。

日本有数の観光都市である京都市は盆地にあり、三方を東山、北山、西山と呼ばれる山々で囲まれているだけに、周辺の森林の景観が観光上きわめて重要な役割を果たしていて、そこには民有林もあれば嵐山や東山といった国有林も含まれている。

カシ・シイ類などの常緑広葉樹林を原植生とする暖温帯に属しているために、放置しておくとカシ・シイ類などが増えるのは植生の遷移に沿った自然の推移である。しかも、カシ・シイ類の自然分布の範囲は、標高二〇〇メートルあたりまでであったものが、地球温暖化の影響で標高五〇〇〜六〇〇メートルにまで広がったともいわれている。その結果、最近はカシ・シイ類が増加する一方で、樹冠の形が特徴的で美しい常緑のアカマツと、春と秋に彩を添えるサクラやカエデといった落葉広葉樹の減少が目立ち、景観上好ましくない状態になったとして、嵐山や東山の国有林だけでなく、民有林も含めた京都市周辺の森林全体としての風致効果の改善が考えられている。

例えば、陽性の強い樹種であるサクラやカエデを、カシ・シイ類などの常緑広葉樹林の林冠下で生育させ、単木的に混交させることは生態学的に難しいからであろうが、まずカシ・シイ類をまとめて群状に皆伐することによって将来サクラやカエデが十分に樹冠を拡張できる広さの更新区を設定し、そこにサクラ、カエデを植栽するという方法がとられることになったようである。そして、これはテレビで見たことであるが、更新区の面積はかなり広く、その中にサクラがぽつんと一本植えられた状態で、近くから見ると景観上好ましくない状況になっていた。遠景としては周囲の立木に遮られて目立たないので、しばらくは辛抱してもらおうという考えのようである。強いてサクラやカエデの単木的な混交を図りたいのであればこれしか方法はなかろうが、これはもはや択伐林施業の範疇に属するものではない。

以上のことからすると、皆伐林と択伐林にはそれぞれの美しさがある。そして、択伐林には、美しい花を咲かせ、紅葉を伴う樹種を混交させることによって風致効果の向上が図れるという皆伐林にはないメリットがある。ただし、森林の現状や混交させようとする樹種などによっては、このメリットをうまく活用することが難しい場合もあるということには留意すべきであろう。

森林の生態系との関係、皆伐林と択伐林での優劣、および野生動植物保護の実態とその解決策について述べる。

野生動植物の保護

（1）森林の生態系との関係

植物と動物が一体となって成り立っているのが森林という生態系で、そこでは植物と動物は相互依存の関係にあり、いくつかの食物連鎖を構成し、特定種の異常な増加を防いで生態系としての一定のバランスが保たれている。それだけに、森林の生態系の保全が野生の動植物の種や遺伝子の保護につながる。

日本列島は南北に長く連なり、標高差の大きい山岳地帯も含んでいるために、多様な原生林と森林の生態系に恵まれている。森林の生態系に最も大きな影響を与えるのが構成樹種をはじめとする林木構成で、林木構成が異なれば森林の生態系は違ったものになる。立木の伐採をはじめとする原生林への強い人為的な干渉によって、以前の豊かな森林の生態系が損なわれつつあり、これが野生動植物の保護における問題点であるとされている。森林における野生の動植物の種類は地域によって異なるが、日本全体での樹種は九〇〇種、哺乳類は一〇〇種、鳥類は一四〇種ほどで、その中には日本の固有種も多く、絶滅が危惧されている種もあるという。

（2）皆伐林と択伐林での優劣

原生林やそれに近い天然林のような自然的な森林は、そこに生育している植物のみならず生息する動物にとっても長年にわたり馴染んできた好適な環境であり、野生動植物の種と遺伝子は多様で、個体数も多い。これに比べると、単一の樹種で構成される皆伐林では、野生植物の種と遺伝子の多様性は著しく劣り、限られた種を除けば個体数も乏しくて、自然の森林からはかけ離れたいびつな生態を示すことになる。そればかりか、皆伐が動植物の生存を大きく左右することなどもあって、皆伐林は野生動植物の生存環境として決して好ましいものではない。大量の皆伐林の出現が、野生動植物の種や遺伝子の多様性を失わせ、絶滅種や絶滅危惧種の増加につながっているという。

野生動植物の生存に適した自然的な森林の環境は、皆伐林では作り出せないが、択伐林でならそれに近づけることはできよう。その意味で、野生動植物の保護には一般に択伐林の方が皆伐林よりも適しているとみられる。

（3）野生動植物保護の実態とその解決策

高知県魚梁瀬（国有林）のスギ天然林を代表する千本山保護林における森林の植生変化と、最近問題になっている野生動物の人間の居住地への出没について、その実態と筆者の見解を述べる。

魚梁瀬の千本山保護林には、ヤナセスギをはじめとする一二〇種を超える樹木が自生している。この森林は一九一八年に学術参考保護林に、さらに一九九〇年にはヤナセスギを対象にした林木遺伝資源保存林に指定されている。学術参考保護林に指定されて以来一〇〇年ほどになるが、その間に伐採などの人手は一切加えられなかったために、上層は樹齢二〇〇〜三〇〇年のヤナセスギを主とする針葉樹の巨木で覆われているが、下層は樹高一五メートル以下の広葉樹ばかりで、ヤナセスギなどの後継樹はほとんどみられない状態となっている。このままではヤナセスギなどはやがて姿を消し、広葉樹ばかりの森林になると予想されていて、放置しているだけでは森林の元の状態が維持できないことを示している。学術参考保護林であるために立木の伐採は許されないので、最近では比較的上層木が少なくて明るい場所を選んで、周囲に自生している小さなヤナセスギを移植して後継樹を育てようとしているが、陽光量不足から枯損するものが多く、事はうまく運んでいないようである。

また、最近、野生のクマ・イノシシ・シカ・サルなどの野生動物が人間の生活領域へ出没し、人間の生命を脅かし、生活に必要な農作物にも被害を与えている。拡大造林によって、本来は野生動物の領域であった奥地の原生林や自然的な森林を破壊したことが、その重要な原因とみられている。これを解消するための一つの対策として、奥地の皆伐林を自然的な森林に戻し、かなり広範囲にわたる野生動物の生息に適した自然的な森林を確保し、人間の生活圏に出没しなくても済むようにすることが考えられている。

以上のように問題の基本的な解決策としては、森林の現状を自然的な本来の森林の生態系に戻すことに尽きようが、森林の生態が大きく破壊されている場合には、放置によって回復できるという保証はないし、回復できたとしてもきわめて長年月を要することになろう。しかし、自然的な森林の生態の維持・回復という目的意識を持って択伐林施業を導入すれば、自然的な森林に似た樹種構成と生態の森林が、放置によるよりも確実に、しかもより短い年月で造成できるとみられる。その意味で、野生動植物の保護に択伐林が果たす役割はきわめて大きいと筆者は考えている。

地球の温暖化防止

地球温暖化の原因、森林による温暖化防止の効果、および温暖化防止における皆伐林と択伐林の効用について述べる。

（1） 温暖化の原因

植物の光合成により、数億年から数千万年にわたって作り出された炭素化合物である石炭・石油・天然ガスなどの化石燃料が、一八世紀に始まった産業革命以降は大量に消費されるようになった。それに加えて、森林とくに二酸化炭素の吸収量の多い熱帯林の減少が急速に進んだために、二酸化炭素の大気中濃度が上昇し続けているという。

二酸化炭素は太陽からの光はよく通すが、地面から反射する熱は通しにくいという性質を持っているために、大気中の二酸化炭素の濃度が上がれば、地球全体の気温を高める効果を生じる。このために二酸化炭素は、メタン、亜酸化窒素、フロンなどとともに温室効果ガスと呼ばれており、これらのガスの大気中濃度が高まると地球の温暖化が起こる。そして、温暖化による海面上昇や気候変動による農作物への影響など、きわめて広範囲にわたる地球上の変化が懸念されている。

わが国では、一九九七年採択の京都議定書により、二〇〇八年から二〇一二年の五年間に、温室効果ガスの排出量を基準年の一九九〇年よりも六パーセント減らし、そのうちの三・八パーセントを森林による二酸化炭素の吸収量の増加で確保することを国際的に約束し、さらに二〇〇九年には、二〇二〇年までに温室効果ガスを二五パーセント削減することを公表したが、この計画は二〇一一年の東日本大震災による福島第一原子力発電所の事故で頓挫した。京都議定書に続いて、二〇一五年にはパリ協定が結ばれ、二〇二〇年からはそれが本格的に始動することになる。わが国では二〇三〇年までに二〇一三年比で二六パーセント、二〇五〇年には八〇パーセントの温室効果ガスの削減目標を掲げているが、原子力発電所の再稼働、太陽光や風力などのクリーンなエネルギー源の利用計画の遅れなどもあって、この目標達成は難しい情勢にあるようである。

（2）森林による温暖化防止の効果

温室効果ガスの中でも、地球温暖化への寄与度が六割以上と最も高いのが二酸化炭素であるとみられている。化石燃料の消費量を抑制すれば、それだけ大気中の二酸化炭素量の上昇が抑えられ、その効果は永続する。しかし、森林の二酸化炭素の吸収効果については、これと事情が異なる。

森林内の植物は光合成により二酸化炭素を吸収する一方で、呼吸・落葉・枯死などによって二酸化炭素を放出する。二酸化炭素の吸収量が放出量よりも多いので森林中に炭素が固定され、大気中の二酸化炭素の濃度が低下して地球の温暖化防止につながるというのが、森林による温暖化防止の効果である。ただし、森林は炭素をある期間貯留しているだけで、火災・枯死などにより森林が消滅したり、伐採された木材の燃焼・腐朽によって固定された炭素が放出されてしまったりした後では、森林の炭素収支はゼロとなる。したがって、森林の二酸化炭素吸収による地球温暖化防止策は一時しのぎの対症療法でしかなく、化石燃料の消費量抑制のような根本的・永続的な療法ではないことを認識しておく必要がある。すなわち、森林による地球の温暖化防止効果については限界があり、過大評価してはならないということである。

（3）皆伐林と択伐林の効用

ところで、森林による二酸化炭素の吸収量を増加させるには、二つの方法がある。一つは、森林の面積を増やすことである。

森林の面積を増やせば、森林による二酸化炭素の吸収量が増えるのは当然の話である。しかし、わが国では森林面積を増やせる余地は少ないとみられるので、森林面積の増加による二酸化炭素の吸収量の増加には、そう多くを期待できないのが実情であろう。

もう一つは、森林の二酸化炭素の吸収量を高めることである。

全森林面積の四割を占めるスギ、ヒノキなどの皆伐林で間伐が停滞していることに着目し、最も手っ取り早く二酸化炭素の吸収量を高める方法として、適切な間伐を実施することが提唱されている。

その効果を、森林の二酸化炭素の吸収量は年間の平均幹材積成長量にほぼ比例するという見方に基づいて検討すると、次のようになる。間伐すれば、その直後の一時期は幹材積成長量を支配する陽樹冠表面積合計が減少する。間伐により残された林木の樹冠が受ける陽光量が増え、単位陽樹冠表面積当たりの幹材積成長量の増加はあるにしても、それによる幹材積成長量の増加分が陽樹冠表面積合計の減少による幹材積成長量の減少分を上回る状態でないと、間伐によって二酸化炭素の吸収量が増えることにはならない。はたして、適切な間伐を実施することよって二酸化炭素の吸収量は本当に増えるのであろうか。筆者には疑問に思える。

ところで、森林の二酸化炭素の吸収量は年間の平均幹材積成長量すなわち幹材積生産量に比例するとみると、前述した年間の平均幹材積生産量の大小関係からして、樹冠の空間占有モデルのような択伐林における年間の平均二酸化炭素吸収量は皆伐林に優るとも劣らず、森林の中では最大であるとみられる。皆伐林における間伐の実施とは違って、択伐林の造成は短時間にできるものではないが、将来を見据えた長期的な視点からすると、樹冠の空間占有モデルのような択伐林の導入と拡大により二酸化炭素の吸収量の向上を図ることが、皆伐林における適切な間伐の実施よりもはるかに確実で、有効な方法であると筆者は考えている。

以上、皆伐林には一時無立木状態となって全ての環境保全機能が消滅するという宿命的な欠点があることと、環境保全の機能別の比較検討結果とを考え合わせると、景観の維持や野生動植物の保護のように、機能の種類によっては必ずしもヨーロッパ方式の択伐林を必要としない場合もあるが、総じて皆伐林よりも択伐林の方が環境保全機能に優れているとみられる。

5　森林経営上の得失

森林経営上必要な森林の健全性と持続性、施業実行の難易、および木材生産の経営収支について、スギ、ヒノキの皆伐林と択伐林における得失を筆者なりに比較検討すると、次のようになる。

森林の健全性と持続性

森林の経営においては、基本的に森林の健全性と持続性が損なわれないように施業を行う必要がある。森林が健全でなければ森林の持続はできないし、森林が持続できるということは森林が健全な証拠であるので、両者は表裏一体のものである。

皆伐林と択伐林における健全性と持続性の得失として、次のようなことがいえる。

人為的に作られた、樹種が同じで大きさの揃った林木の集団である皆伐林は、自然の森林からはかなりかけ離れた状態となるために、思わぬ気象害や病虫害などが発生する。そして、最も問題になるのは皆伐という行為である。皆伐によって自然の生態系の破壊、表層土の攪乱や流失および落葉などの有機物の供給停止による土壌の悪化、根による土の緊縛力の低下がもたらす山地崩壊といった事態が起こる。また、間伐が遅れて過密状態になると、樹冠が小さくなって幹の肥大成長が抑えられるために幹は細長いモヤシ状となり、強風や冠雪などの気象害を受けやすくなる。さらに、皆伐を繰り返すことによって土壌養分が収奪されて地力の減退も起こる。

皆伐の繰り返しによる地力減退の例として、三重県尾鷲のヒノキ林が挙げられている。現在はヒノキの生産地として知られているが、皆伐林による木材生産が始められた一七世紀にはスギが主であった。しかし、スギの皆伐林の繰り返しによって地力の低下が起こったために、一九世紀になるとスギほど高い土地の肥沃度を必要としないヒノキに切り替えられたが、二〇世紀にはヒノキの繰り返し造林による地力の減退が顕在化したという。ヒノキの落葉は分解されにくくて雨で流亡しやすい。このために表面土壌が浸食されやすくなることも手伝って、土壌の悪化と地力の減退が加速されたとみられている。

皆伐林は決して健全性と持続性に優れた森林ではないのに対して、択伐林では常に立木が存在し、林床には後継樹や自生した広葉樹が存在しているのが普通である。したがって、皆伐林におけるような表層土の攪乱や流失、土壌の悪化、山地崩壊、地力減退などが起こることはまずない。また、択伐林の施業が多少停滞しても、それによって皆伐林の間伐が停滞した場合ほど健全性と持続性が損なわれることはないとみられる。さらに、択伐林の目的にもよるが、場合によっては自然的な生態の森林に近づけることも可能で、健全性と持続性の高い自然的な森林の生態の保護・維持にも大きく貢献できる。

以上のことからすると、森林としての健全性と持続性は、皆伐林よりも択伐林の方が明らかに優れているとみられる。

施業実行の難易

森林の施業には、後継樹の確保、林木の育成、育成された林木の収穫という三つの作業が含まれており、各作業での方法の違いによって施業方法に難易を生じる。スギ、ヒノキの皆伐林施業、照査法によるヨーロッパ方式の択伐林施業、筆者が提案する樹冠の空間占有モデルや胸高直径分布モデルによるヨーロッパ方式の択伐林施業について、その施業の難易を比較検討すると次のようになる。

（1）皆伐林施業

皆伐林では、後継樹植栽のための地拵えと後継樹の植栽、植栽木育成のための下刈り・除伐・間伐という作業を経て、植栽木の主伐収穫（皆伐）に至る。

皆伐林については、生育環境が異なる地域別に、各樹種の標準的な密度管理状態における主林木（残存木）、副林木（間伐木）別の立木本数と幹材積の経年変化を示す収穫表が作成されていて、これを利用すれば間伐本数の目安と幹材積収穫量の予測値が得られる。皆伐林の施業において最も厄介なのは間伐木の選定であろうが、最も普通に行われている下層間伐では間伐の対象とする立木はほぼ同じ高さにあるため、収穫表に示された間伐本数を目安に、隣接木との樹冠の競合状態を見ながら、暴れ木のような周囲木の成長の妨げとなるものや、成長に遅れを生じて下層木化しつつあって将来の順調な成長が望めない立木などを中心に間伐木を選べばよいので、その具体的な選定もそう難しくはない。

とにかく、施業方法の中でも皆伐林施業は最も単純で実行しやすい方法であるといえる。

（2）照査法によるヨーロッパ方式の択伐林施業

この択伐林施業では、天然更新により後継樹の確保、および林木の育成と収穫を兼ねた択伐（抜き伐り）が、比較的短い間隔で繰り返されることになる。

なお、後継樹確保の方法としては天然更新と植栽の二つの方法が考えられるが、手間の掛からない天然更新で済ませられるのであれば、天然更新を選ぶのが自然の成り行きであろう。現に、ヨーロッパのモミ、トウヒでは天然更新で十分に後継樹が確保できることに着目して考えられたのが照査法で、そこでは当然のこととして天然更新が採用されている。皆伐林全盛の当時に、択伐という皆伐よりも手間と経費が嵩み、技術的にも難しい伐採方法を用いる限り、後継樹の確保はせめて手間と経費の掛からない天然更新によらないと経営収支が皆伐林に劣ることになるという忖度もあったのかもしれない。

しかし、天然更新には手間と費用が掛からない反面、植栽のように必要な後継樹の本数を確保できるという保証はないという欠点がある。択伐林施業に限ったことではないが、森林施業ではきちんと後継樹を確保することが先決の必須条件である。したがって、スギ、ヒノキのように天然更新が難しい樹種の択伐林施業では、天然更新ではなくて植栽を前提にすべきである。にもかかわらず、そうしなかったので、前述したように高知県魚梁瀬のスギ択伐林ではモデルに近づけることができなかったのではと筆者はみている。

目標とする択伐林の造成がうまく進まないという現状を受けて、魚梁瀬のスギ択伐林では、これまでのような天然更新を前提にした継続的、計画的な伐採を伴う実験は二〇一八年をもって休止するとのことである。実験を休止しても、この森林が消滅する時期を先延ばしにするだけで、超大径木という貴重な資源の再生産にはつながらない。これまでの一〇〇年におよぶ実験結果を無駄にしないためにも、実験を休止するのではなく、天然更新を植栽に切り替えて、樹冠の空間占有モデルの実現に、より一層の工夫・努力をして、超大径木の再生産ができるような択伐林の造成を図るべきで、それは可能であると筆者は考えるが、いかがなものであろうか。

また、同じ抜き伐りでも皆伐林での間伐と択伐林での択伐とでは、その難しさに格段の差がある。

照査法では、林木の生育空間を最大限に利用することにより、皆伐林よりも多い幹材積生産量を目指しているものの、目指す生育空間の利用状態が具体的に示されておらず、その要件としては逆J字型の胸高直径分布と後継樹の生育に必要な林内の日射量の確保が挙げられているだけである。一口に逆J字型の胸高直径分布といっても現実には無数にあるわけで、こんな漠然とした要件の提示では、施業の目標が具体的に示されたことにはならない。したがって、目標とする森林の状態を試行錯誤的に追い求めるという方法を採用せざるを得ない。林木の成長状態によって多少異なるが、普通は一〇年にも満たない一定の短い間隔で全立木の胸高直径の毎木調査を繰り返して対象林分の林木の成長状態を把握し、照査法という名が示すように、その結果を過去の施業経過と照査するという試行錯誤を繰り返すことにより、目標を手探りし続けるという方法を採用している。これは、収穫表という明確な目標が与えられている皆伐林の間伐とは違って、多くの時間と労力を要する大変な作業である。しかも、過去の施業経過と現状との照査結果に基づいて、後継樹の育成に必要な林内の陽光量の確保を念頭に置きながら、大小の立木が入り交じった状態の森林を対象にして、具体的な基準なしで試行錯誤的に林木の生育空間の利用状態、言い換えると幹材積生産量の最大化を目指して、林木の育成と収穫を兼ねた択伐木の選定をしなければならないわけで、これは個人的な多くの経験と高度な知識が必要な至難の業となる。

天然更新が難しいスギ・ヒノキでは、高知県魚梁瀬での例が示すように、天然更新を前提とした照査法による択伐林施業の成功はおぼつかないので、これの実行は避けるべきであると筆者は考えている。

（3）樹冠の空間占有モデルや胸高直径分布モデルによるヨーロッパ方式の択伐林施業

わが国のスギ、ヒノキでは、前述した超大径木の持続的な生産を目標とした「ナスビ伐り方式」と呼ばれる天然更新を主体とした択伐林の他に、岐阜県今須のスギ・ヒノキ択伐林に代表されるような後継樹の植栽による択伐林施業が民有林で生まれ、一部で行われている。しかし、それは経験的な知識を主体とした個別的なもので、いまひとつ科学的な合理性と方法としての普遍性を欠いているのが現状である。

上述の照査法による択伐林施業における不安や実行上の難点を緩和するための唯一ともいえる有効な方法は、後継樹を植栽し、具体的な択伐木の選定基準を与えることである。そして、照査法が目標とするスギ、ヒノキの択伐林については、樹冠の空間占有モデルが考えられ、それを基に胸高直径分布モデルが誘導できることは前述したとおりである。

そこで、後継樹を植栽している岐阜県今須のスギ・ヒノキ択伐林での集約な施業も参考にしながら、これらのモデルを利用した後継樹の植栽によるスギ・ヒノキ択伐林施業の実行方法に関する筆者の提案を述べる。

樹冠の空間占有モデルからすると、樹冠基底断面積の垂直的配分を一様に保ちながら、樹冠基底断面積合計を一万二〇〇〇平方メートルという一定の値に抑えればよいということである。その場合、樹冠の空間占有状態をきちんと量的に測定しなくても、樹冠基底断面積の垂直的配分を一様に保つことは目視によって、また樹冠基底断面積合計が一定の限界値を超えたかどうかの判断は後継樹の成長状態を観察することによって可能であり、こうした簡便法によっても実用的には十分な程度に樹冠の空間占有状態をモデルに近づけることができるとみられる。

なお、前述したように樹冠の空間占有モデルのようなスギ・ヒノキ択伐林における林地の露出面積率は一五パーセントが目安となるので、これを樹冠の空間占有状態をモデルに近づける際の手助けにするのもよい。林地の露出面積率は、林内の多数の点に立って真上を見上げ、その視線が樹冠に当たっているか否かを判定するという方法で簡単に求められる。ただし、前述した樹冠の投影面積と基底断面積の測定方法の違いから生じる差異を考えると、視線がかろうじて樹冠端に当たっているものは樹冠に当たっていないものと判断するように注意する必要はある。全点の数に対する視線が樹冠に当たらなかった点の数の百分率を求めれば、それが林地の露出面積率となる。

さらに、あらかじめ胸高直径分布モデルを用意しておき、これを利用するようにすれば、樹冠の空間占有モデルに基づくよりも択伐木の選定は一段と易しくなる。この場合、表1に示した胸高直径分布モデルの最高の樹冠基部高、言い換えると具体的な胸高直径分布モデルの変更を必要とする場合は別として、元の胸高直径分布に戻す普通の場合には、各立木の胸高直径の成長量に応じて増加した期末の各胸高直径階の立木本数を、期首の各胸高直径階の立木本数に戻すように、各胸高直径にわたって立木を択伐すればよい。

なお、胸高直径分布を利用する場合、前掲の図15に示したように、最高の樹冠基部高と地上高一メートル当たりの樹冠基底断面積合計が同じであっても、胸高直径階別の立木本数は胸高直径と樹冠基部高および樹冠基底断面積の平均的な関係によって異なる。したがって表1に示した岐阜県今須のスギ・ヒノキ択伐林における胸高直径分布モデルを他地方のスギ・ヒノキ択伐林へ転用するに当たっては、胸高直径と樹冠基部高および樹冠基底断面積の平均的な関係が、今須のスギ・ヒノキ択伐林と同じであるかどうかのチェックが必要となる。十分な資料数によるものではないが、手元にある滋賀県谷口、愛媛県久万、高知県魚梁瀬および広島県吉和の択伐林における胸高直径と樹冠基底断面積および枝下高の関係を図上にプロットして、今須におけるそれと目視で比較した結果によると、今須の択伐林で得られた胸高直径分布モデルは、後継樹を天然更新によっている魚梁瀬と吉和の択伐林には転用できないが、谷口と久万の択伐林のような後継樹を植栽している択伐林にはほぼ転用できるようであった。

樹冠の空間占有モデル、胸高直径分布モデルのいずれによるにしろ、目標が具体的に与えられることになるので、試行錯誤を要する照査法とは違って、択伐木の選定は格段に容易になる。そして、現実の林分における樹冠の空間占有モデルや胸高直径分布モデルからの歪みに対する調査は、照査法による択伐林施業の場合のように定期的に繰り返す必要はなく、調査の間隔があまりにも大きくならないように随時行えばよい。このように調査の実行に柔軟性を持たせても、現実にさして支障を生じることはないとみられる。

生育空間を最大限に利用できるようにするというヨーロッパ方式の択伐林施業の主旨からすると、各樹冠が空間的に集中することなく分散していて、隣接樹冠との競合が和らげられているような樹冠の空間的配置を目指して択伐木を選定することが望ましい。択伐の方法には、一本ごとに抜き伐りする単木択伐と、群状にまとめて抜き伐りする群状択伐の二種類があるが、樹冠の空間占有状態を空間的にうまく分散させて最大になるようにするには、群状ではなく単木択伐の方がよい。

ところで、岐阜県今須のスギ・ヒノキ択伐林は後継樹の植栽による集約な単木択伐施業で知られているが、これまで照査法や樹冠の空間占有モデルによる施業を実施してきたわけではなく、基本的にはあくまでも経験的な知識に基づくものである。しかし、前述したように木材不況が深刻化する以前の一九七五年当時のG-5固定試験地では、照査法による択伐林の要件である逆J字型の胸高直径分布と林内の日射量や後継樹の生育確保にしろ、樹冠の空間占有モデルが目指す樹冠基底断面合計の値とその垂直的配分にしろ、ともにほぼ充足された状態であった。当時の樹冠の空間的配置を上・中・下層木に分けて数学的な手法で解析（参考文献10を参照）すると、いずれの層の林木でも、また全林木についても、樹冠の水平的な位置関係に集中性はみられず、垂直的にも上・中・下層木の樹冠が互いに重複を避け合う状態になっていて、林木の生育空間を最大限に利用するというヨーロッパ方式の択伐林としての理想的な樹冠の空間配置状態が実現されていた。

このような結果は、「ナスビ伐り方式の択伐林」におけるように択伐木の大きさを一定の大きさ以上に限定せず、業者の注文に応じて用途の異なるいろいろな大きさの立木を伐採してきたために、択伐の対象となった立木の胸高直径の範囲がかなり広かったことや、伐採対象とする立木はできるだけ立木の混んでいる所から選んで伐採し、伐採跡地には伐採木一本につき二、三本の後継樹を植栽して生育空間を無駄なく利用するように心がけてきたことから生じたものとみられる。伐採木一本につき、二、三本の後継樹を植栽するという方法は、これで十分に後継樹の確保ができるという長年の経験から得た結果のようであるが、これについての筆者の見解は次章3節の表6との関係で述べる。

さらに、岐阜県今須のスギ・ヒノキ択伐林では、次のようなこまやかな心遣いもしている。植栽木には大きな苗木を使用し、雪害を生じれば雪起こしもして、植栽した後継樹を丁寧に育てている。また、幹材の無節性向上や、後継樹の生育に必要な日射量確保のために、枝打ちも行っている。これらは、択伐林の施業として好ましいことである。

とにかく、照査法の枠から一歩踏み出して、今須の択伐林で行われてきた方法も参考にしながら、樹冠の空間占有モデルや胸高直径分布モデルを利用すれば、後継樹の植栽によるスギ・ヒノキの択伐林施業の実行は格段に易しくなることを指摘しておきたい。

木材生産の経営収支

立木伐採時の経営収支として、市場での丸太の売上金額と、立木の伐採・搬出に要する経費とその後の地拵え・苗木の植栽・下刈りまでを含めた後継樹の確保に要する経費の合計金額との差額を考える。これを黒字にするには、単位面積当たりの丸太の生産量を増やしたり、単価の高い丸太を生産したりして丸太の売上金額を多くするとともに、林道・作業道の整備や作業の機械化をして立木の伐採・搬出の経費や後継樹の確保に要する経費を少なく抑えることが肝要になる。

一九六〇年代の高度経済成長期には木材市況が活発で、木材価格が高くて経営収支にも恵まれていたが、一九七〇年代半ば以降の経済の低成長期に入ると、木材の代替材の進出、安い外材の輸入自由化とこれに伴う建築様式の変化、木材加工技術の進歩などの影響で、国産材の需要量は一時木材全体の需要量の三割を切るまでに減少した。その結果、国産材生産の担い手であるスギ、ヒノキ皆伐林での木材生産の経営収支がきわめて厳しくなっている。

スギ、ヒノキの皆伐林における経営収支の実態と、これに比べての択伐林における経営収支における筆者の予想を述べる。

（1）皆伐林における実態

間伐時の収支は、丸太の売上金額と伐採・搬出に要した金額の差額として与えられる。以前は間伐材に対する需要が多くて単価も高く、これの売却によって間伐の経費が賄えるばかりか、間伐における必要経費を上回って収益も生んできた。

しかし、現在では代替材の進出もあって、形質の良くはない小径の間伐材の需要は激減して単価が下落したために、間伐時の収支は赤字が常態化しているという。そうだからといって、皆伐林での植栽木の育成には間伐が不可欠であるので、間伐経費削減のために列状間伐を導入したり、間伐材の利用拡大を図ったりして、赤字の解消に努力はしているが思わしい成果は得られないままで、間伐木の搬出・販売はあきらめて林地に放置する伐り捨て間伐まで行われているのが実態である。

主伐時でも、山元での立木の単価がスギよりも高いヒノキではまだしも、スギでは丸太の売上金額が丸太の伐採・搬出と後継樹の確保に要する経費の合計金額を下回って収支は赤字になることが多くて、皆伐跡地における再造林の放棄まで起こっているという。

（2）択伐林における予想

スギやヒノキの択伐林の収支が具体的にうかがえるデータはないが、一九五五年に設定された北海道庁の置戸照査法試験林では、試験地設定以来最近までの五〇年間、木材不況の中でも収支が黒字に保たれているという。

トドマツ・エゾマツが主体で、補植はしているものの主に天然更新によっていて、作業道の整備が十分で伐採・搬出の経費が比較的安上がりな試験林での結果である。そのため、作業道の整備状況が異なり、後継樹を植栽している一般のスギやヒノキの択伐林にも、これがそのまま当てはまるとは限らない。

しかし、スギやヒノキの皆伐林の主伐時と択伐林の伐採時とでは、収支に関係する諸要因について、次のような差異が想定できる。

択伐林では普通の密度管理状態の皆伐林よりも形質の良い柱材が生産できることを前述したが、これに加えて単価のきわめて高い超大径材の生産もできることを考え合わせると、伐採された幹材の平均的な単価は皆伐林よりも択伐林の方が高くなるとみられる。そして、作業の機械化と作業道の開発が進んで、その格差は以前よりも少なくなったとはいえ、現在でも立木の伐採・搬出の経費は皆伐林よりもある程度は割高になる。しかし、皆伐林におけるような後継樹の確保に必要な大掛かりな地拵えや下刈りは不要で、しかも今須択伐林のように後継樹の植栽本数も伐採木一本について二、三本と皆伐林での植栽密度よりも低い密度でよければ、後継樹の確保に要する経費は皆伐林よりもかなり割安になるとみられる。

皆伐林と択伐林における幹材の平均的な単価、伐採・搬出および後継樹の確保に要する経費の具体的な差額が明らかでなく、実験的に確認されているわけでもないが、択伐林での丸太の売上金額が伐採・搬出の経費と後継樹の確保に要する経費の合計額を上回って、経営収支が黒字になる可能性が十分にあると筆者は見込んでいる。

以上のように、森林の健全性と持続性では明らかに皆伐林よりも択伐林の方が優れているし、後継樹の植栽と樹冠の空間占有モデルや胸高直径分布モデルの利用によって、照査法による場合よりも施業実行の難しさも格段に緩和できる。そして、実験的に確認されたわけではないが、筆者の予想だと択伐林での伐採時の収支は皆伐林の主伐時を上回って黒字になる可能性があると見込まれるということである。

樹冠の働きと量をからめての以上のような比較検討結果を総合すると、後継樹を植栽している樹冠の空間占有モデルのようなヨーロッパ方式の択伐林では、皆伐林に比べて幹材積生産量は勝るとも劣らず、環境保全機能も優れている上に、木材生産の経営収支の黒字も見込めるということである。本書のタイトルで「植栽による択伐林」と略称しているのがこの択伐林で、森林の現状の改善にはうってつけの森林であるということである。そこで、次章では、この択伐林をそう呼んで現状の改善策を述べることにする。

Ⅲ　森林の改善策

森林の改善には少なくても数十年、場合によっては一〇〇年単位の長年月を要するので、改善を考えるに当たっては、現状における問題点の把握だけでなく、将来的な展望も欠かせない。そこで、前章における現状での比較検討結果に将来的な展望を加えて、まず皆伐林と植栽による択伐林における木材生産、環境保全および森林経営についての筆者なりの総括をする。それを踏まえて、社会が求めている新しい時代にふさわしい森林、すなわち木材生産と環境保全の機能の両立ができ、木材生産の経営収支の黒字も見込めるような森林への改善策とその効果などを述べさせてもらう。

1　皆伐林とヨーロッパ方式の択伐林の総括

皆伐林と植栽による択伐林の木材生産と環境保全の両機能および森林経営について、総括すると次のようになる。

木材生産

前章3節での比較検討結果からすると、スギ、ヒノキの皆伐林で生産された幹材の形質は密度管理状態によって大きく変わるので、皆伐林と択伐林における幹材の形質の優劣は一概には決められないが、普通の密度管理状態の皆伐林と択伐林で生産された垂木・柱材の形質は前者よりも後者の方が優れているし、幹材積生産量は後者が前者に優るとも劣らないということである。

そして、今後の木材生産における留意点として、文化遺産的価値のある大型木造建築物の修復や復元に不可欠な胸高直径が一メートル近い超大径材の不足が挙げられている。

超大径材の生産は皆伐林でもできないわけではないが、年輪幅の差異（図18を参照）からして、皆伐林での超大径材の生産には択伐林よりもかなり長い年月を要し、しかも原生林や天然林におけるような形質の幹材の生産はできない。また、皆伐林で超大径材生産のためには主伐時期をかなり高い林齢にする必要があるが、前述したようにスギやヒノキの皆伐林で幹材積生産量が最大に保てるのはほぼ林齢四〇～五〇年で主伐した場合である。したがって、主伐の林齢を高くするほど幹材積生産量は少なくなるという犠牲を伴うことになる。他方、表1に示した各胸高直径分布モデルについて算出した幹材積成長量が、最高の樹冠基部高によって違わないことを前述したが、これは択伐林で超大径材の生産をしても幹材積生産量の減少はないことを示している。これらを考え合わせると、超大径材の生産には皆伐林よりも択伐林の方が向いているとみられる。

環境保全

前章4節での比較検討結果からすると、総じて環境保全機能は植栽によるものも含めて択伐林の方が皆伐林に優ると判断される。

そして、今後の環境保全機能の向上を考える上で指摘しておきたいのは、環境保全機能を重視すべき森林として保安林が指定されているが、そこでは皆伐は禁止で択伐は認めるというように伐採方法の規制がされているだけで、具体的な択伐方法までは提示されていないことである。これは、保安林の基本的な考え方が、立木の伐採方法の規制さえすれば環境保全機能は保てるというきわめて消極的なものであることを示す証拠である。立木の伐採規制だけによって環境保全機能が保て、そんな保安林の面積を増やすだけで環境保全機能が十分に発揮できるわけではない。択伐の具体的な方法がよく分からないために現実には放置されている保安林がほとんどで、保安林の機能を果たしていないものが一割はあるという。

木材生産と同等、ないしはそれ以上に環境保全も重視すべき新しい時代においては、もっと積極的に環境保全に取り組む必要があるのではなかろうか。少なくとも、環境保全のための択伐林施業の基本的な基準の提示は必要であろう。そして、従来の水土保全・生活環境保全・景観の維持に加えて野生動植物の保護・地球の温暖化防止といった機能も注目されるようになっている現在、前述したように環境保全機能の種類によっては広葉樹の混交、適した樹種の選択などの必要も生じるので、環境保全の効果を高めて確実なものにするためには、これらの制約を受けての具体的な択伐林施業の開発も必要であると考える。

森林経営

前章5節での比較検討結果からすると、森林の健全性と持続性については、択伐林が明らかに皆伐林よりも優れている。また、植栽による択伐林を利用すれば、その施業の実行は天然更新を旨としている照査法による択伐林よりも格段に容易で確実になる。さらに、スギやヒノキの択伐林における立木伐採時の経営収支は皆伐林の主伐時を上回って黒字になる可能性もあると見込まれる。

木材生産の経営収支が赤字では木材生産が成り立たなくなるので、今後の森林経営を考える上で、森林の健全性や持続性、施業実行の難易にもまして大切なのが木材生産の経営収支の黒字化である。

木材生産優先の時代に、農作物の栽培に似せて始められた木材生産の方法が皆伐林で、荒廃した森林で木材生産量を一挙に強化するには有効な方法ではあろう。そして、農作物のように収穫時期が限定されていない木材では、間伐材のような小径木でも需要があって収入源になったことに助けられて、皆伐林は木材生産の主要な担い手にまで発展した。

しかし、考えてみれば、スギやヒノキでは一ヘクタール当たり三〇〇〇本ほど植栽しても、主伐時に収穫できるのは一〇〇〇本ほどで、二〇〇〇本ほどは途中で間伐せざるを得ない。また、せっかく育て上げた森林を皆伐してしまって、一から森林の造成を始めるのが皆伐林という木材生産のシステムである。間伐、主伐のいずれもの経営収支が赤字化しているのは、皆伐林が決して効率の良い木材生産の方法ではない証拠ではなかろうか。木材に対する需要が多くて価格の高かった時代にはこれでも通用したが、木材価格が以前よりも低下した現在では、その木材生産の効率の悪さが経営収支の赤字につながっているように思える。

国産材生産を担う皆伐林の経営収支は赤字に追い込まれて、立木の伐採・搬出作業の機械化と道路整備を中心に林業の生産性向上への努力を始めてもう数十年になる。スギよりも単価が比較的高いヒノキではまだしも、単価の安いスギ皆伐林での立木伐採時の経営収支は赤字から抜けられず、主伐期に達した伐採可能な森林はあっても、伐採がままならないというのが国産材生産の現状のようである。このままの状態では、皆伐林による木材生産は経営的に行き詰まって、木材生産用の森林としての存続が危惧される。

これに対して、植栽による択伐林では、常に大小の林木によって林木の生育空間が最大限かつ有効に利用されていて、皆伐林におけるような木材生産方法としての効率の悪さもないことを考えると、木材生産の経営収支が皆伐林を上回って黒字になっても不思議ではない。

立木の伐採・搬出の経費が皆伐林よりも割高になる択伐林では、後継樹を植栽していたのでは皆伐林での収支に太刀打ちできなくなるとの懸念からか、後継樹は天然更新でという考えが強いようである。しかし、先にも指摘したように、択伐林と天然更新とは本来一体でなければならないものではない。立木の伐採・搬出の技術開発と機械化が進み、道路も整備されて、経費の皆伐と択伐における差が以前より縮小したとみられる現在、こんな古い観念にいつまでもとらわれているのはおかしい。森林の所有者や経営者には、後継樹の植栽によるスギやヒノキの樹冠の空間占有モデルのような択伐林に挑戦し、択伐林の経営収支の皆伐林に対する優劣を実験的に明らかにしてほしいものである。

以上のような木材生産、環境保全および森林経営の現状に将来的な展望も加えた総括からすると、社会が求めている新しい時代にふさわしい森林、すなわち木材生産と環境保全の機能が両立でき、木材生産の経営収支の黒字も見込めるような森林にするには、植栽による択伐林の導入を図り、現在の皆伐林主体から択伐林主体の森林に変えるべきであると筆者は考える。そして、以下のような筆者なりの森林の改善策を提案したい。

2　森林改善における基本方針と森林区分の見直し

森林改善の基本方針と、それを前提にした現行の森林区分の見直しについて述べる。

基本方針

現状の皆伐林主体の森林を、木材生産と環境保全の機能が両立でき、木材生産の経営収支の黒字も見込める後継樹の植栽による樹冠の空間占有モデルに基づく択伐林主体の森林に変えることを基本方針とする。

誤解のないように断っておくが、全ての森林を植栽による択伐林にしてしまえというのではない。森林と人間の生活との関わりの多様性からすると、森林は多様であってしかるべきである。とくに、わが国の木材生産技術の結晶ともいえる、奈良県吉野の優良な建築用材生産林や京都市北山の磨き丸太生産林のような特殊な用途に適した優れた幹材が生産できる皆伐林は、できるだけ実用的な効果と文化遺産的な価値を兼備した森林として存続を図るべきである。また、世界自然遺産に指定された白神山地のブナ林や屋久島のスギ林などのような残り少ない原生林も、自然のままの森林の姿を示す貴重な存在として保全すべきであると考えている。

森林区分の見直し

木材生産が重視された時代では、森林は木材生産のための皆伐林とそれ以外の環境保全のための保安林とに区分されてきた。しかし、木材生産と環境保全の機能を兼備した植栽による択伐林の採用を原則とする限り、もはやこのような区別は不要である。

そこで、施業の対象となる森林を、次の三つに区分することを提案する。

ア、特殊な木材生産用の皆伐林→用途に適した優れた形質の幹材生産能力を利用

イ、一般の木材生産用の択伐林→択伐林の高い幹材積生産機能を利用

ウ、各種の環境保全用の択伐林→択伐林の高い環境保全機能を利用

アは、用途に適した特殊な幹材の生産ができる現存のスギ、ヒノキの皆伐林の活用を図るための区分である。イとウは、幹材積生産量と環境保全機能のいずれに重きを置くかによって択伐林を区別したもので、イには現在の皆伐林でアを除く全ての皆伐林を、ウには現在の保安林に野生動植物の保護や地球の温暖化防止のための森林を加えたものの中で、択伐が許されているもの全てをあてる。アとイによって木材生産機能が質・量ともに充実し、イとウによって択伐林の持つ木材生産と環境保全の両機能が十分に活用できることになる。

そして、木材生産と同等、あるいはそれ以上に環境保全の機能も重視すべきであるという社会の要請に応えて、環境保全機能の向上を図るには現在のように環境保全のための森林を保安林として一括して扱うのではなく、水土保全、生活環境保全、景観の維持、野生動植物の保護、地球の温暖化防止といった環境保全の機能ごとに類別し、それぞれの機能がきちんと発揮できるような択伐林施業方法の提示をすべきであると考える。

以上の森林の他に、施業の対象外の森林として禁伐林、原生林、放置状態の森林があることになるが、禁伐林や原生林は別として、放置状態の森林についてはできるだけ上記のいずれかの森林に区分してきちんとした施業をし、有効に利用することが望ましいと考えている。

3　択伐林導入の方法と効果

現在の皆伐林と択伐が許されている保安林などの環境保全用の森林とに分けて、植栽による択伐林導入の方法とその効果について述べる。

皆伐林

スギ、ヒノキの皆伐林への択伐林導入の方法とその効果を、次のように考えている。

（1）導入の方法

スギ、ヒノキの植栽による択伐林というのは、一ヘクタール当たりの樹冠基底断面積合計が一万二〇〇〇平方メートルで、その垂直的配分が一様な状態の択伐林のことである。したがって、樹冠がある層に集中しているスギ、ヒノキの皆伐林での樹冠の空間占有状態を、このような状態に誘導するには、まず現存する皆伐林の立木を何回かに分けて単木的に抜き伐りし、その周辺への苗木の植栽を繰り返して、その土台作りをすることが必要になる。問題は、その場合に皆伐林の立木を何回に分けてどれだけの本数を抜き伐りし、そこにどれだけの本数の苗木を植えればよいかということである。

そこで、岐阜地方の林齢四〇年と五〇年のスギ、ヒノキ皆伐林を例にとって、筆者が考えた次のような方法を紹介したい。それは一〇年間隔で三回にわたって皆伐林の立木の抜き伐りと伐採木の周辺での苗木の植栽を繰り返すことによって、三〇年かけて林齢一〇年（第三回植栽木）、二〇年（第二回植栽木）、三〇年（第一回植栽木）の植栽木および林齢七〇年と八〇年の皆伐林の残存木という林齢の異なる四グループの立木で構成された森林を造成することである。

◎樹冠の垂直的配分の連続化

まず、樹冠の垂直的配分を連続化させる方法について述べる。

表4　岐阜地方のスギ、ヒノキ皆伐林の択伐林化における土台作りでの樹冠の垂直的配分の連続化（地位Ⅱ等地のスギ皆伐林の例）

区　分	植栽木			皆伐林の残存木	
林　齢(年)	10	20	30	70	80
平均樹高(m)	3.9	9.4	14.2	25.3	26.7
平均枝下高(m)	1.8	5.5	9.0	16.4	17.6

四グループの立木の樹高成長は現存の皆伐林と変わらないとみなして、その地位別の平均樹高を愛知・岐阜地方のスギ、ヒノキの皆伐林収穫表より推定した。そして、皆伐林の立木の抜き伐り開始後には、隣接樹冠との競合関係が皆伐林よりも緩くなって、樹冠の大きさは次第に択伐林の状態に近づくとみなして、岐阜県今須地方の択伐林におけるスギとヒノキ共通の樹高と樹冠長との平均的な関係を利用して、各グループの立木の平均枝下高を推定した。ここでスギ、ヒノキ共通の樹高と樹冠長との関係を用いたのは、測定結果に基づいて両樹種間における樹冠長の平均値の差異の有無を統計学の手法で検定しても有意差が認められなかったためである。

表4は、スギの地位Ⅱ等地における林齢が異なる各グループの立木の平均の樹高と枝下高を例示したものである。樹高と枝下高の間に樹冠が存在するわけで、林齢一〇年の植栽木の平均樹高が林齢二〇年の立木の平均枝下高に、林齢二〇年の植栽木の平均樹高が林齢三〇年の植栽木の平均枝下高に、林齢三〇年の植栽木の平均樹高が林齢七〇年または八〇年の皆伐林の残存木の平均枝下高に近づいている。

樹種と地位が異なる場合でも、このような状態がほぼ共通して認められたので、皆伐林の抜き伐りと伐採木周辺での苗木の植栽を一〇年間隔で三回繰り返せば、森林全体としての樹冠の垂直的配分の連続化はほぼ達成できるとみなした。

◎樹冠の垂直的配分の一様化

上記のような四つの樹冠層よりなる森林全体としての樹冠の垂直的配分の一様化を図るには、樹冠の空間占有モデルでの一ヘクタール当たりの樹冠基底断面積合計一万二〇〇〇平方メートルを、これら四つの層の樹冠が均等に分け合って、各層が三〇〇〇平方メートルになっていることが望ましい。それはそれとして、各回における皆伐林の立木の抜き伐り本数についてはいろいろの組み合わせが考えられるので、これらについて次のように考えた。

愛媛県久万のスギ皆伐林の例では、立木の三分の一を抜き伐りすれば下層の植栽木の成長が良好であったとされているので、これにならって第一回には皆伐林の立木の三分の一を抜き伐りすることにした。第二回でもやはり当初に存在した皆伐林の立木本数の三分の一、すなわち残存する皆伐林の立木の二分の一を抜き伐りすることにした。そして、残された三分の一の立木については、分担樹冠基底断面積合計の値を果たすと同時に大径木の生産を早期に行うためにできるだけ多くの立木を残したいとの考えから、次のような検討をした。

当該地方のスギとヒノキの収穫表から、皆伐林の残存木の林齢七〇年と八〇年の林分での樹種別、地位別の平均樹高を求め、これと岐阜県今須の択伐林で得られたスギ、ヒノキ共通の樹高と樹冠直径の関係を利用して、これらの林分における平均樹冠直径、さらには平均直径と同じ直径を示す円の面積として平均樹冠基底断面積を求めた。ここで、樹高と樹冠直径との関係においてもスギとヒノキの樹種間における差異は認められなかったので、両樹種共通の値を用いた。そして、第一回と第二回と同様に残存木の二分の一を伐採した場合に加えて、残存木の三分の一と三分の二を残した場合についても、残存木数と平均樹冠基底断面積の積として、残存木の樹冠基底断面積合計を算出した。その結果によると、林齢七〇年と八〇年の林分での差は少なく、全体的に残存木の樹冠基底断面積合計がより分担値に近かったのは、スギでは三分の一、ヒノキでは二分の一を残した場合であったので、スギは三分の一、ヒノキは二分の一の立木を残存させることにした。この場合における林齢七〇年と八〇年の林分における樹冠基底断面積合計の平均値を示したのが表5である。

次いで、第一回から第三回における伐採木一本当たりの植栽本数を次のように算出した。

まず、当該地方のスギ、ヒノキの皆伐林の収穫表に示された林齢四〇年と五〇年の林分での樹種・地位別の主副林木合計の立木本数より、第一回から第三回までの抜き伐り本数を、また各林齢での植栽木の平均樹高を求めると同時に、択伐林におけるスギ、ヒノキ共通の樹高の樹冠基底断面積の関係を利用して、各回の植栽木の平均樹冠基底断面積を求めた。そして、樹冠基底断面

表5　岐阜地方のスギ、ヒノキ皆伐林の択伐林化における土台作りでの皆伐林の残存木の樹冠基底断面積合計の平均値

(m²/ha)

樹　種	地位Ⅰ	地位Ⅱ	地位Ⅲ
ス　ギ	4,492	3,126	1,956
ヒノキ	3,111	2,768	2,346

積合計の分担値である三〇〇〇平方メートルを、各回での皆伐林の立木の抜き伐り本数と植栽木の平均樹冠基底断面積の積で割って、樹種・地位・植栽回別の伐採木一本当たりの植栽本数を算出した。

その結果によると、伐採木一本当たりの植栽本数は対象林分の樹種および植栽回によって多少異なるが、地位と林齢による差は比較的少なかったので、対象林分の地位と林齢込みにした樹種、植栽回別の伐採木一本当たりの植栽本数の平均値を示すと表6のようであった。ここで、一割程度とみられている皆伐林の立木の抜き伐り時における植栽木の損傷を加味して、表の数値は平均値を〇・五本単位で切り上げた値にしてある。

ところで、第三回の植栽木には、樹冠の垂直的配分の一様化だけでなく、後継樹の出現に備えるというそれよりも重要な役割がある。すなわち、第三回の植栽木の樹冠基底断面積合計を三〇〇〇平方メートルという分担値一杯にしておくのは避けるべきで、かといってやがて第二回の植栽木の分担値三〇〇〇平方メートルを肩代わりしなければならなくなることを考えると、この分担値が果たせなくなるほど第三回の植栽木を減らすことはできない。どの程度まで第三回の植栽木の植栽本数を減らすかについて、

表6　岐阜地方のスギ、ヒノキ皆伐林の択伐林化における土台作りでの樹冠の垂直的配分の一様化に必要な伐採木1本当たりの植栽本数の平均値

（本）

樹　種	第1回植栽	第2回植栽	第3回植栽
ス　ギ	1.5	2.5	8.5(4.5)
ヒノキ	1.5	2.0	7.0(3.5)

括弧内の数値は、樹冠基底断面積合計の分担値を半分とした場合の数値。

各グループ間における植栽本数合計の植栽回による変化から、次のように考えた。

樹種・地位別に、伐採木の本数と伐採木一本当たりの植栽本数の積として各回における植栽本数合計を求めると、スギ、ヒノキともに地位による差は少なくて、第二回での植栽本数合計は第一回での植栽本数合計のほぼ一・五倍、第三回の植栽木の本数合計は第二回の植栽木の本数合計のほぼ二・五倍であった。この結果からすると、第二回の植栽本数合計は第一回の植栽木の分担樹冠基底断面積合計を肩代わりするのに必要な立木本数として妥当なものである。だが、第三回の植栽本数合計は第二回の植栽木の分担樹冠断面積合計の肩代わりに必要な立木本数を大きく上回っていて、第三回の植栽本数合計、言い換えると伐採木一本当たりの立木本数を半分にしても、現在の第二回の肩代わりに必要な立木本数は十分に確保できるということである。そこで、第三回の植栽本数は、樹冠の垂直的配分の一様性を図るに必要な本数の半分に抑えることにした。その場合の伐採木一本当たりの植栽木本数を、表6に括弧付きで示しておいた。

表6において注目されるのは、第一回と第二回の伐採木一本当たりの植栽本数が二、三本となっていて、前述の岐阜県今須のスギ・ヒノキ択伐林における現行のそれとほぼ同じになっていることである。これは、今須択伐林で経験的に行われてきた後継樹確保の方法の妥当性を裏付けると同時に、樹冠の空間占有モデルのような択伐林においても、それがそのまま通用することを示している。

なお、伐採木一本当たりの植栽本数については以前にも報告（参考文献〈18〉の〈補〉を参照）したが、スギにおける第三回の抜き伐り本数の変更などもあるので、これは撤回させていただく。

◎択伐林化の土台の状態

一〇年間隔で三回の皆伐林の立木の抜き伐りと伐採木周辺での後継樹の植栽を繰り返し、第一回と第二回には皆伐林での当初の立木本数のそれぞれ三分の一を、第三回に対象となる残りの三分の一の立木については、スギでは三分の二、ヒノキでは二分の一を抜き伐りし、それ以外は超大径材生産のために残す。そして、表6に示すような伐採木一本当たり植栽本数（第三回については樹冠基底断面積合計の分担値を半減した場合の値を使用）の苗木を植栽して択伐林導入の土台づくりをした場合、出発時点での林齢は四〇年、五〇年と違っても、その差は少なかったので、両者での平均値を算出した結果を、スギ皆伐林について例示したのが表7である。

表7　岐阜地方のスギ、ヒノキ皆伐林の択伐林化における土台作り後の森林の状態（地位Ⅱ等地のスギ皆伐林の例）

区　分	植栽木			皆伐林の残存木
林　齢（年）	10	20	30	70・80
平均樹高（m）	3.9	9.4	14.2	26.0
立木本数（本/ha）	（832）	556	345	94
樹冠基底断面積合計（m^2/ha）	（1,500）	3,000	3,000	3,125

括弧内の数値は、林齢10年の植栽木の樹冠基底断面積合計を分担値の半分とした場合の数値。

樹種・地位別に作成した表7のような結果を整理すると、択伐林化の土台となる立木集団は次のような状態であった。

第三回植栽木の樹冠基底断面積合計を分担値の半分にした関係で、一ヘクタール当たりの樹冠基底断面積合計はスギ、ヒノキともに一万五〇〇〇平方メートル前後と、樹冠の空間占有モデルでの値一万二〇〇〇平方メートルよりも少なくなるが、第三回の植栽木以外での樹冠基底断面積合計の垂直的な配分の一様性は保たれていた。また、植栽木に皆伐林の残存木を加えた一ヘクタール当たりの立木本数合計は、地位が低いほど多くなっていたが、スギで一四〇〇〜二二〇〇本、ヒノキで一七〇〇〜二二〇〇本と表1の胸高直径分布モデルの修正立木本数にかなり近づいていた。

このような皆伐林の択伐林化における土台を基に、前章5節で述べた方法で樹冠の空間占有モデルの実現に向けての施業と管理を行えばよいというのが筆者の提案である。その場合、樹冠の空間占有モデルと胸高直径分布モデルを利用する二つの方法があるが、前者よりも後者を利用する方が実行は容易である。前掲の表1に示した岐阜県今須

表8　岐阜地方のスギ皆伐林の択伐林化における伐採木の内容と後継樹の植栽本数

地　位	抜き伐り回	伐　採　木			後継樹の植栽本数（本/ha）
		平均胸高直径（cm）	立木本数（本/ha）	立木材積（m^3/ha）	
Ⅰ	第1回	30	238	188	259
	第2回	35	238	215	480
	第3回	38	158	158	595
Ⅱ	第1回	26	280	143	345
	第2回	30	280	165	556
	第3回	33	186	126	832
Ⅲ	第1回	22	306	100	487
	第2回	25	306	117	680
	第3回	28	218	86	914

第3回の値は、いずれも分担樹冠基底断面積合計を半分にした場合のもの。

のスギ・ヒノキ択伐林での胸高直径分布モデルが、滋賀県谷口と愛媛県久万の後継樹を植栽しているスギ・ヒノキ択伐林にほぼ転用できることは前述したが、後継樹を植栽する他地方のスギ・ヒノキ択伐林にも転用できるかどうかは、今後に残る検討課題である。

◎択伐林化の土台作りにおける経営収支

択伐林化の土台作り段階での経営収支は、伐採木の販売によって得られる収益と後継樹の植栽に要する経費の差額で求められる。前者は伐採木の量・単価および伐採・搬出に要する経費によって、後者は苗木の本数・単価と植栽に要する人件費によって定まり、前者が後者よりも多ければ経営収支は黒字になる。

本来なら、全ての関係因子を想定して検討す

表9　岐阜地方のヒノキ皆伐林の択伐林化における伐採木の内容と後継樹の植栽本数

地　位	抜き伐り回	伐　採　木			後継樹の植栽本数（本/ha）
		平均胸高直径（cm）	立木本数（本/ha）	立木材積（m^3/ha）	
Ⅰ	第１回	23	355	119	366
	第２回	26	355	135	558
	第３回	23	178	74	599
Ⅱ	第１回	21	405	105	419
	第２回	23	405	121	597
	第３回	25	203	67	598
Ⅲ	第１回	19	455	92	514
	第２回	22	455	108	592
	第３回	23	227	59	836

第３回の値は、いずれも分担樹冠基底断面積合計を半分にした場合のもの。

べきであるが、その参考として樹種、地位、抜き伐り回別に出発時の林齢が四〇年と五〇年であった林分における伐採木の平均胸高直径、本数、立木材積と後継樹の植栽本数の平均値を示すと、表8と表9のようになる。なお、ここに示した伐採木の数値は収穫表からの推定値、後継樹の植栽本数は伐採木の立木本数と伐採木一本当たりの植栽本数の積として算出した値である。

表8、9より、択伐林化の土台作りにおける経営収支を検討すると、次のようになる。

ここでの抜き伐りは、皆伐林の間伐とは違って対象木が主伐期に達した大きな立木が対象であるため材の単価は高い。とくに第一回と第二回の伐採では伐採本数も多いために、伐採木の幹材積合計は間伐の場合よりもかなり多い。そして、スギは谷筋や山麓の土壌の肥沃度に恵まれた場所に、ヒノキは斜面の中腹以上のスギよりも肥沃度が劣る場所に植えられているために、伐採木の幹材積合計はスギよりもヒノキでかなり少なくなっているが、材の単価はスギよりもヒノキが高いことを考えると、両樹種での伐採木による収益には幹材積合計ほどの差は生じないとみられる。他方、後継樹の植栽本数には両樹種であまり差がなく、皆伐林の伐採跡地よりもまばらな樹冠下での植栽となるので、大掛かりな地拵えは不要で、植栽木周辺の狭い範囲にある邪魔な草木を刈り払う程度の作業で済ませられるので、植栽に要する苗木代と人件費は皆伐林の伐採跡地よりもかなり割安になるとみられる。これらのことを考え合わせると、筆者は択伐林化の土台作りでは伐採木による収入が後継樹の植栽による支出を上回って、経営収支は黒字になることが多いのではないかと見込んでいる。

（2）導入の効果

スギ、ヒノキの皆伐林に植栽による択伐林施業を導入した場合、皆伐林に優るとも劣らない幹材積生産量が得られると同時に、皆伐林におけるような無立木状態の出現も回避できて環境保全の機能が大幅に向上し、木材生産の経営収支も皆伐林を上回って黒字になると見込まれることは前述したとおりである。

皆伐林による国産材生産の経営収支が厳しい状態にある現在、択伐林の導入による経営収支の黒字を足がかりにすれば、木材需要量に占める国産材需要量の失地の回復、さらには国産材生産林業の活性化につながるとみられる。にもかかわらず、第二次世界大戦後に造成された大量のスギ、ヒノキの皆伐林が主伐時期を迎えたとして、林野当局はこれを皆伐して国産材の生産量増大を図ろうとしている。その場合、皆伐林の伐採によって生じる経営収支の赤字はどうするつもりであろうか。筆者は、環境保全機能に問題があり、経営収支が赤字になる皆伐林に戻すよりも、木材生産と環境保全機能の両立ができて、経営収支も黒字が見込める植栽による択伐林を導入する絶好の機会として利用することを提唱したい。

そして、スギ、ヒノキの皆伐林の択伐林化を進めるに当たって、一つ指摘しておきたいことがある。それは、両樹種の材の単価の違いによる木材生産の経営収支の差異である。

岐阜県今須のスギ・ヒノキ択伐林に設けた固定試験地での調査結果として、同一林分内にある胸高直径が同じスギとヒノキでの幹材積成長量には差がないことを前述したが、これは択伐林での幹材積生産量は両樹種の混交割合によって違わず、スギのみ、またはヒノキのみの択伐林でも幹材積生産量は同等になることを意味する。そうだとすると、スギとヒノキで木材の単価が異なる場合には、スギよりもヒノキの択伐林の方が、またスギ・ヒノキ混交の択伐林ではスギよりもヒノキの割合を多くするほど、経営収支が増えることになる。試算（参考文献〈18〉の〈中〉を参照）してみると、ヒノキの単価がスギの一・五倍であれば、その経営収支はヒノキのみの択伐林の方がスギのみの択伐林の五割増しとなる。また、岐阜県今須の択伐林では平均するとスギ八割、ヒノキ二割の本数割合にあるが、全部をヒノキにした場合の収益は現状の四割増しとなることを指摘しておきたい。

ただし、ヒノキを多くするに当たっては、一つ注意すべきことがある。それは、火山灰および第三紀層の土壌や含水率が高くて透水性の悪い土壌では、ヒノキにトックリ病が発生しやすいとされていることで、そうなるとヒノキでの予期したような高い経営収支は望めなくなるということである。岐阜県今須では、古生層を基岩とし、それほど含水率が高くて透水性の悪い土壌ではないせいか、トックリ病の発生はみられていなかったことを付記しておく。

筆者が提唱する植栽による択伐林の目的は、照査法による択伐林と同じで林木の生育空間を最大限に利用して、幹材積生産量を最大にすることである。しかし、照査法とは違って、後継樹を天然更新ではなく植栽によっているので後継樹の獲得はより確実となり、目標とする樹冠の空間占有状態が明確に与えられているために、皆伐林への導入やその後の管理ははるかに単純で容易となる。森林の所有者や経営者には、こんな択伐林が存在し得ることを、是非知ってもらいたいものである。

環境保全用の森林

水土保全、生活環境保全、景観の維持、野生動植物の保護、地球の温暖化防止といった環境保全用の森林への択伐林導入の方法とその効果を、次のように考えている。

（1）導入の方法

環境保全の各機能を高度に発揮するためには、前述したように機能の種類によっては樹種構成などの新たな制約が加わることがあるので、その施業は先の皆伐林に適用するものよりも複雑で多様となる。しかし、基本的にはスギやヒノキの幹材積生産量の最大化を目指した樹冠の空間占有モデルを、次のように応用すればよいと考えている。

まず、各環境保全機能の目的に応じて、それぞれの立地に適した主要な構成樹種や生態学的に混交が可能な樹種を選択し、各樹種の混交方法・混交割合・更新方法などを定める。この場合、各樹種の混交方法は単木的で、後継樹の更新方法は植栽によるのが望ましいが、目的とする環境保全機能が損なわれない範囲で、場合によっては樹種の混交は群状で、更新方法は天然更新によることも許されてよかろう。そして、目測によって全樹種を合わせた樹冠基底断面積の垂直的配分を一様に保ちながら、後継樹の成長状態を観察することによって、全樹種の樹冠基底断面積合計の値が後継樹の生育に必要な限界値を超えないように調整すれば、目的とする択伐林としての環境保全機能がきちんと発揮できると同時に、そのような択伐林としては最大の幹材積生産量も得られるようになる。

(2) 導入の効果

上記のようにして各環境保全機能が発揮された場合、それに必要な樹種的な制約の程度によって、幹材積生産量の減少の程度が異なる。スギやヒノキが主要な構成樹種であっても、その割合が少なくなるほど、またスギやヒノキに代わる主要な構成樹種の幹材積生産量の低下が大きいほど減少の程度が大きくなる。したがって、環境保全のための施業上の制約による幹材積生産量の減少を少なくするには、各環境保全機能の目的を損なわない範囲で、主要な構成樹種としてはできるだけ幹材積生産量が多いスギやヒノキを選び、その構成割合を多くすることが肝要となる。

結果的には、環境保全のための施業上の制約による幹材積生産量の減少が僅かで、木材生産用のスギやヒノキの択伐林の幹材積生産量とほぼ同等の値を示す場合から、環境保全のための施業上の制約によって主要な構成樹種が広葉樹に変更されて、建築用材の幹材積生産量としてはほぼゼロになる場合まであるとみられる。

建築用材の幹材積生産量の減少は、木材生産の経営収支に直結する。幹材積生産量の減少の程度との関連で木材生産の経営収支を予想すると、およそ次のようになるとみられる。

まず、地球の温暖化防止のための択伐林では、スギ、ヒノキの樹冠の空間占有モデルのような択伐林において二酸化炭素の吸収量が最大になることは前述したとおりで、環境保全用であるといっても幹材積生産量の減少が生じることはなく、木材生産の経営収支も木材生産用の択伐林と同様に黒字が期待できるとみられる。つまり、スギやヒノキの植栽による択伐林は、幹材積生産量、地球の温暖化防止機能、木材生産の経営収支の三者が最高と目される森林であるということである。

また、水土保全のための択伐林では、落葉落枝の分解を促進して土壌を団粒構造にし、降水の透水性をよくするために、広葉樹を混交させることが機能の向上につながることを前述したが、広葉樹混交の目的が落葉落枝の分解促進にあることからして、下層に広葉樹を混入させるだけでもほぼ目的が達成できるし、主要な構成木の幹材積生産量が損なわれることもほぼないとみられる。

そのことを意識して、高知営林局では天然更新によるスギ択伐林の施業で、下層の林木の生育空間の三分の一を天然の広葉樹の占有に任せることにしていたという。また、樹冠の空間占有状態がモデルに近似していた岐阜県今須のスギ・ヒノキ択伐林に設けた一九七五年当時のG-5固定試験地、および愛媛県久万のスギ択伐林での一九九二年の調査結果によると、下層の後継樹の樹冠基底断面積合計は林地面積の二割ほどで、残りの八割の林地が広葉樹の自生に使える状態であった。この状態でなら幹材積生産量の減少はほとんどなく、その幹材積生産量は木材生産用のスギ、ヒノキの択伐林とほぼ同等になると推測される。

現状はそうでないにしても、択伐林施業の導入後には、このような高い幹材積生産量を伴うスギやヒノキの択伐林に誘導できるものが、保安林全体の九割を占める水土保全用の択伐林の中にはかなりあるとみられる。そうだとすると、水土保全のためのスギ、ヒノキの択伐林は、環境保全のための択伐林の中では地球の温暖化防止の択伐林に次いで、高い幹材積生産量と木材生産の経営収支が期待できるということになる。

詳しいことは個別的に検討しなければならないが、スギ、ヒノキを主要な構成樹種とする地球の温暖化防止や水土保全以外の環境保全用の択伐林の中にも、木材生産用の択伐林と同等とまではには至らないにしても、かなり高い幹材積生産量を示すものはあるとみられる。このような場合には、幹材積生産量の増加とともに経営収支の黒字も期待できることになる。

その一方で、スギ、ヒノキ以外が主要な構成樹種となることが多い生活環境保全、景観の維持、野生動植物の保護を目的とする場合には、環境保全に必要な制約のために立木伐採時における用材の幹材積生産量ひいては売上金額が少なくて、紙パルプ用材や再生可能なエネルギー源の生産もするなどして木材の有効利用を図っても、立木伐採時の収支は赤字になることが多いとみられる。

すなわち、環境保全用の択伐林における経営収支は、黒字になることもあれば赤字になることもあるということである。

以上のことから、植栽による択伐林の導入によって、皆伐林では幹材積生産量だけでなく環境保全機能の向上が、また環境保全用の森林では環境保全機能だけでなく幹材積生産量も向上させることができるため、経営収支の黒字が見込めるものも生じるということである。全森林面積の四割が皆伐林で、その七割すなわち全森林面積の三割はスギ、ヒノキの皆伐林であることと、全森林面積の半分近くが保安林で、そのほとんどで択伐が認められていることとを考え合わせると、植栽による択伐林の導入と拡大によって生じる森林全体としての幹材積生産量と環境保全機能の向上効果はきわめて大きく、現在よりもかなり高水準の木材生産と環境保全機能の両立が実現でき、木材生産の経営収支の黒字が見込める森林面積も増えるとみられる。このような大きな効果が期待できるのも、木材生産と環境保全の機能を常備した択伐林導入ならではのことであると筆者は考えている。

4　経費負担と支援体制

森林の改善策において必要とされる経費負担と支援体制についての筆者の提案を述べる。

経費負担

木材生産に必要な経費は全額を森林の所有者や経営者が負担し、環境保全に必要な経費は公費で負担するのが原則であろう。したがって、経営収支の黒字が期待できる木材生産用の皆伐林や択伐林では、必要経費は森林の所有者や経営者の負担とする。そして、環境保全用の択伐林についても、経営収支が黒字になる場合の必要経費は森林の所有者や経営者の負担とし、その代わりに木材生産用の択伐林と同等の施業に関する裁量権を所有者や経営者に認めてはどうであろうか。そうすることによって、環境保全用の森林に対する公費の負担額は、大幅に減少するとみられる。もっとも、環境保全用の択伐林の経営収支が赤字になる場合には、少なくとも赤字分は公的資金の補助が不可欠で、そうでないと環境保全機能の向上は望めない。

ただし、公的資金の支出には公正を期してほしい。例えば、皆伐林での間伐や主伐が赤字になるからといって、これも環境保全のためと称して、公的資金から補助金を支出することには疑問がある。筆者から言わせてもらえば、赤字の根源は本来環境保全上の欠点がある皆伐林を採用していることにあるのだから、皆伐林をやめれば済むことである。公費の支出は、あくまでも純然たる環境保全のためのものに限るべきである。さらに言わせてもらえば、森林に環境保全機能があることを口実に、森林環境税と称する特別な税金を徴収することが一般化しているが、これの使用も厳正にして、口実をつけての皆伐林における木材生産のためへの流用はすべきでないと考える。

支援体制

森林の改善のための支援体制として、次の二つのことを挙げておきたい。

（1）施業技術の研究と普及

スギ、ヒノキの択伐林における樹冠の空間占有モデルや胸高直径分布モデルを提示して、そのような択伐林の幹材積生産量は皆伐林に優るとも劣らないことを確認するとともに、これらのモデルが施業実行の難しさを緩和するのにも役立つことを指摘した。そして、このような択伐林を皆伐林に導入し、管理する方法も提示した。これによって、木材生産用のスギやヒノキにおけるヨーロッパ方式の択伐林施業については、一応の目途をつけることができたと思っている。

しかし、各種の環境保全用の択伐林施業については、木材生産用のスギ・ヒノキ択伐林と同様の樹冠の空間占有モデルが基本的には通用するにしても、各種の環境保全機能の発揮に適した樹種構成などについてはまだ不明な点が多い。今後、森林生態学の知識を援用して、各種の環境保全用の択伐林施業の方法を確立し、普及を図る必要がある。

（2）森林経営体の整備

所有規模の大きい国有林、公有林、民有林についてはまだしも、所有規模が零細な民有林については、次のような配慮が望ましい。

社会構造の変化を受けて、多くの所有規模の零細な森林所有者が地元を離れたり、地元に居住していても他の職業に就いたりして、所有森林との接触が疎遠になり、おまけに最近では国産材不況で木材生産による収入も期待できなくなったために、所有者にとっての森林はむしろ厄介物とされているのが現状のようである。このような実態を考えると、零細な個々の森林所有者自身に新たな択伐林施業への挑戦を求めることには無理がある。そこで、例えば森林組合を母体に、これを統合合併して大規模化するとともに経営力と技術力を高め、零細な所有者の委託に応じ、森林の管理がきちんとできるような経営体の整備が不可欠である。そうすることによって、木材生産と環境保全の機能を両立するための択伐林施業の推進も容易になると愚考する。

おわりに

　現在の森林は、環境保全機能が劣る上に、木材生産の経営収支は赤字であるスギ、ヒノキの皆伐林が主体となっている。このままでは、時代が要求している木材生産と環境保全の機能の両立ができ、木材生産の経営収支も黒字が見込めるような森林にすることは難しい。そこで、環境保全機能は皆伐林に優り、木材生産機能も皆伐林を上回ると期待されている照査法によるヨーロッパ方式の択伐林に注目した。

　そして、皆伐林と後継樹の植栽による樹冠の空間占有モデルのようなヨーロッパ方式の択伐林について、木材生産と環境保全の両機能を左右する樹冠との関連で、木材生産と環境保全の両機能の優劣、さらには森林経営上の得失を比較検討した。その結果、この種の択伐林ではより高い木材生産と環境保全の機能の両立と木材生産の経営収支の黒字化ができるとの見通しを得た。そこで、皆伐林主体の現状の森林を樹冠の空間占有モデルのような択伐林主体の森林に改善すべきであると考え、その具体的な筆者なりの改善策を提案した。

　わが国ではあまり経験のないヨーロッパ方式の択伐林の導入・拡大による森林改善の実行は大

変なことではある。しかし、後継樹を植栽し、樹冠の空間占有モデルや胸高直径分布モデルの実現を目指すことによって、試行錯誤を旨としている照査法による択伐林よりも、その施業の実施がはるかに容易になるはずである。細部については詰めきれていない点もあるが、森林の所有者や経営者が樹冠の空間占有モデルに基づく択伐林に挑戦する気持ちになり、行政と研究者とがバックアップする体制さえとれれば、多少の年月は要しても、将来に希望の持てる森林が実現できるはずである。早急に、人智を尽くしてこのような森林への改善を図らなければ、現在の森林の窮状を救い、適切な森林の利用と沈滞した林業の活性化を、さらには末永い森林と人間との共生を実現することはできないと考える。

最後になったが、択伐林の構造と成長に関する研究成果の多くは、当時愛媛大学農学部教授であった藤本幸司氏と同助教授の山本武氏および同大学大学院在学中であった私の長男規弘との共同研究によるものである。また、林分構造図作成用のコンピュータ・プログラム作成では、京都府立大学在職当時の私の研究室のスタッフであった石川善朗・伊藤達夫の両氏に、現地調査と資料の整理計算では多くの研究室専攻生諸君に協力していただいたことを記して、ここに深謝する。また、かなり専門性の高い本書を出版して、私を心残りなく森林から卒業させてくれた築地書館には、深甚の謝意を表します。

主要な引用・参考文献

（1）青柳正英（二〇〇八）「自然の妙味、人の技―置戸照査法試験林五〇年の軌跡―」『森林技術』七九二号
（2）大金永治編著（一九八一）『日本の択伐』日本林業調査会
（3）大隈眞一（一九七七）「今須林業の経営環境と択伐林分の構造に関する調査報告書」『京都府立大学学術報告・農学』二九号
（4）岡崎文彬（一九五一）『照査法の実態』日本林業技術協会
（5）岡崎文彬（一九五五）『森林経営計画』朝倉書店
（6）岡崎文彬訳（シェッフェル、ガザン、ダルヴェルニイ共著）（一九五八）『モミ林―面積を基にした択伐作業　林相曲線による照査法―』日本林業技術協会
（7）岡崎文彬訳（クヌッヒェル著）（一九六〇）『森林経営の計画と照査』北海道造林振興協会
（8）梶原幹弘（一九九三）『相対幹形―その実態と利用―』森林計画学会出版局
（9）梶原幹弘（一九九五）『樹冠と幹の成長』森林計画学会出版局
（10）梶原幹弘編著（一九九八）『択伐林の構造と成長』森林計画学会出版局
（11）梶原幹弘編著（二〇〇〇）『樹冠からみた林木の成長と形質―密度管理と林型による異同―』森林計画学会出版局
（12）梶原幹弘（二〇〇三）『森林の施業を考える―機能向上と経営収支改善のために―』森林計画学会出版局
（13）梶原幹弘（二〇〇五）「択伐林の幹材積成長量」『森林技術』七五八号
（14）梶原幹弘（二〇〇六）「樹冠と幹の成長との関係」『森林技術』七七〇号
（15）梶原幹弘（二〇〇八）『究極の森林』京都大学学術出版会

(16) 梶原幹弘（二〇一〇）「スギ・ヒノキ択伐林施業の基準と実行方法」『森林技術』八二一号
(17) 梶原幹弘（二〇一〇）「これからの森林施業―皆伐林から択伐林へ―」『森林技術』八二三号
(18) 梶原幹弘（二〇一八）「森林の改善にはヨーロッパ方式の択伐林の導入を（上、中、下、補遺）」『森林技術』九一一～九一三、九二二号
(19) 加納　博（一九八三）「照査法に関する基礎的研究―北海道有林置戸照査法試験林の分析―」『北海道林業試験場報告』二一号
(20) 高知営林局（一九七四）『魚梁瀬千本山保護林』高知営林局
(21) 高知営林局（一九八七）魚梁瀬千本山保護林調査報告（第二次植生調査）
(22) 小寺農夫（一九二七）「擇伐林の型に就て」『林学会雑誌』九巻四号
(23) 佐竹和夫・都築和夫・吉田　実（一九八二）「千本山天然更新試験地の調査」『昭和五六年度林業試験場四国支場年報』
(24) 佐竹和夫・都築和夫・吉田　実（一九八四）千本山天然更新試験地の調査（昭和五八年度林業試験場四国支場年報：五）
(25) 佐藤弥太郎・岡崎文彬訳（ビヨレイ著）（一九五二）『照査法』林野共済会
(26) 白石　明（一九五五）「ヒバ多層林を主体とする穴川沢第一号試験地の施業経過」『林業試験場研究報告』七八号
(27) 永石達也・有働貴史・洒井　敦（二〇一六）「ヤナセ天然スギ択伐施業モデル林の現在とこれから」『森林技術』八九一号
(28) 藤本幸司（一九八四）「スギ人工同齢林への群状択伐作業導入に関する研究」『愛媛大学農学部紀要』二九巻一号
(29) 松村直人・小谷英司（一九九四）スギ択伐天然更新試験地の成長経過（平成五年度森林総合研究所四国支所年報三五：三八～四二）
(30) 山崎栄喜（一九四九）「魚梁瀬地方に於けるスギの法正擇伐林型について」『林業技術』九七、九八号
(31) 山本　武（一九八八）「スギ択伐作業法に関する実験的研究―スギ人工同齢林の択伐林型への誘導法―」『愛媛大学農学部紀要』三三巻一号

(32) 渡辺録郎・佐竹和夫(一九六四)「千本山天然更新試験地の調査」『昭和三八年度林業試験場四国支場年報』
(33) 渡辺録郎(一九六九)「和田山択伐実験林の発足に当って」『高知林友』五〇七号

【た行】

【な行】

【は行】

【ま行】

【や行】

【ら行】

索　引

【著者紹介】
梶原幹弘（かじはら　みきひろ）

［略歴］

1933年に高知市で生まれる。

京都大学大学院農学研究科林学専攻博士課程を修了。京都大学農学博士。

京都大学の農学部助手、京都府立大学の農学部講師・助教授・教授を経て、現在は同大学の名誉教授。

専門は林木の計測・成長と森林の施業で、1992年に第1回森林計画学賞を受賞。

［著書］
大隅眞一ほか（1971）『森林計測学』養賢堂（共著）
大隅眞一ほか（1987）『森林計測学講義』養賢堂（分担執筆）
梶原幹弘（1993）『相対幹形―その実態と利用』森林計画学会出版局
梶原幹弘（1995）『樹冠と幹の成長』森林計画学会出版局
梶原幹弘（1998）『択伐林の構造と成長』森林計画学会出版局（編著）
梶原幹弘（2000）『樹冠からみた林木の成長と形質―密度管理と林型による異同』森林計画学会出版局（編著）
梶原幹弘（2003）『森林の施業を考える―機能向上と経営収支改善のために』森林計画学会出版局
梶原幹弘（2008）『究極の森林』京都大学学術出版会

植栽による択伐林で日本の森林改善
樹冠の働きと量から考える

2020年6月5日　初版発行

著　者　　梶原幹弘
発行者　　土井二郎
発行所　　築地書館株式会社
東京都中央区築地7-4-4-201　〒104-0045
TEL 03-3542-3731　FAX 03-3541-5799
http://www.tsukiji-shokan.co.jp/
振替 00110-5-19057
印刷・製本　シナノ印刷株式会社

ISBN 978-4-8067-1601-3